Gakken

きめる！KIMERU SERIES BP

[きめる！共通テスト]

物理基礎
Basic Physics

著＝桑子 研（共立女子中学高等学校）

introduction

はじめに

「先生，どうしたら物理ができるようになりますか？」

ぼくは日本一の規模の女子校で，多くの生徒に毎年物理を教えています。授業のはじめに「物理が苦手な人はいますか？」と質問をすると，8割以上の生徒が手をあげます。そして上記のような質問を，必ず受けています。

物理が得意になるためのポイントは2つあります。まず1つ目は「センス」ですね。生まれながら足が速い人・遅い人の違いがあるように，生まれながら物理が理解できちゃう人・なかなか理解できない人の違いがあります。「センスって言われても…センスがなければあきらめろって言うんですか？」って思いますよね。

ご安心ください。今センスがないからといって，物理がずっとできないというわけではないのです。実はぼくも，高校生のころは物理が苦手でした。物理のその独特の考えかたに悩まされ，どんな問題でも授業に出てきた公式の数々を，とにかくあてはめて問題を解こうとする。だからいつも平均点以下の点数しか取れませんでした。でも，あることをするようになってから，突然点数が伸びたのです。

それは，物理が得意になるためのもう1つのポイントである「絵をかきながら考えていくこと」です。この本をパラパラっとめくってみてください。ふんだんに絵がかかれていることがわかると思います。自分で言うのもおかしいのですが，ここまで絵を細かくかいて，まるで隣で教えているかのように説明をしている参考書は，今まで見たことがありません。そう，絵をかきながら公式にとらわれずに解くこと，それが物理ができるようになるカギだったのです。

さらにこの本の特長は，「3ステップ解法」という，物理のセンスがある人が頭の中で考えていることを，"見える化"させて，3つのスモールステップに分解したことです。歩きかたがわかれば，1人で遠くまでいくことができるように，考えかたがわかれば，はじめてみる問題も解くことができるようになるんです。

これらのコツはぼくがすべて考えたのか？　というと，そうではありません。生徒から受ける「わかりにくい！」のコールに毎年頭を痛めながら，少しずつ授業を改善してノートに書き留めていった結果，出来上がったのがこの本なのです。この本は今まで一緒に勉強してきた生徒とつくった本といえるでしょう（生徒たちに感謝！）。では，さっそく読み始めてみましょう！

桑子 研

how to use this book
本書の特長と使い方

1 基礎からはじめられる

本書は，はじめて物理基礎を学ぶ人にもわかりやすいように，キホンから手を抜かずに解説をしています。キャラクターと先生の解説の掛け合いを読みながら，スラスラ学習を進めることができます。

さらに，**Point!** では物理基礎の超重要な公式や定理，*ココに注目!* では著者直伝の問題の解きかた・知っていると差がつく考えかたをまとめています。

2 重要ポイントが一目でわかるビジュアル

知識の理解と記憶を助けるため，本書はフルカラーで，図や表をふんだんに盛り込んでつくりました。

文章だけではわかりにくい内容も，図を見ながら学ぶことで，イメージがふくらみ理解することができます。また，図を使って覚えたことは記憶から抜け落ちにくく，試験場で重要事項と図がリンクして思い出されることもあるでしょう。

3 取り外し可能な別冊で，重要事項をチェック＆復習

別冊には，本冊で学んだ重要な事項をまとめてあります。取り外して持ち運びが可能なので，通学途中やちょっとしたすきま時間など，利用できる時間をフル活用して知識の整理をしてください。

4 今から，共通テスト対策を始めよう！

ステップ1 まずは本を持ち歩いて，勉強するクセをつける
ステップ2 紙と鉛筆を用意，絵をかきながらこの本の問題を解く
ステップ3 学校の問題集や過去問も，この本の通りに解いてみる

この3ステップで勉強して，物理基礎を得点源の科目にしてしまいましょう。

contents
もくじ

はじめに ……………………………………………………… 2

本書の特長と使い方 …………………………………… 3

共通テスト　特徴と対策はこれだ！ …………… 6

CHAPTER | 1 | 力学

Theme 1　等加速度運動 ………………………………… 14

Theme 2　運動方程式 …………………………………… 61

Theme 3　エネルギーの保存 …………………………… 135

共通テスト対策問題 …………………………… 173

CHAPTER | 2 | 熱力学

Theme 4　熱量の保存 …………………………………… 186

Theme 5　内部エネルギーと熱力学第一法則 …………… 201

共通テスト対策問題 …………………………… 206

CHAPTER 3 波動

Theme 6	波の表しかたと波の性質	208
Theme 7	弦・気柱の振動	248
	共通テスト対策問題	268

CHAPTER 4 電磁気学

Theme 8	静電気	274
Theme 9	電気回路	283
Theme 10	電気と磁気	308
	共通テスト対策問題	331

CHAPTER 5 エネルギーと原子

Theme 11	エネルギーの利用	336
	共通テスト対策問題	342
	さくいん	344

別冊　要点集

巻頭特集

共通テスト
特徴と対策はこれだ！

新テストのねらいって？

　AIという言葉を聞かない日はないほど，日々飛び交っています。コンピューターが思考をする時代が訪れますが，私たち人間はコンピューターにまかせて寝ていればよい……，というわけではありません。

　私たちは，社会から「新しい価値の創造」を期待されています。それはコンピューターが持つことができない人間のクリエイティブな力を，日本，いえ，世界が求めているからです。新しい価値を生み続けなければいけない時代が訪れるので，ある意味，今までよりも厳しい時代になるかもしれません。

　このような時代の流れの中で，2021年1月よりセンター試験に代わり，大学入学共通テストが始まります。大学入学共通テストの目的は「高校教育を通じて，大学教育の基礎力となる知識および技能や思考力，判断力，表現力がどの程度身に付いたか」を問うこと。つまり，AIが苦手としている3つの力「思考力・判断力・表現力」を，高校生のうちから伸ばしてほしいというメッセージが込められています。

実際にどんな問題が出るのか？

　大学入学共通テストの問題を見ると，今までのセンター試験との違いに気がつきます。例えば次の2つの大問，それぞれの冒頭部分を見てみましょう。

1 斜面上に置いた質量0.500 kgの台車に記録テープの一端を付け,そのテープを1秒間に点を50回打つ記録タイマーに通す。記録タイマーのスイッチを入れ,台車を静かに放したところ,斜面に沿って動き出し,図1のような打点がテープに記録された。重なっていない最初の打点をPとし,その打たれた時刻を $t = 0$ とする。打点Pから5打点ごとに印をつけ,その間隔 d を測定した。

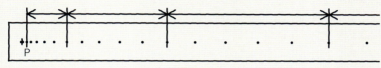

図1

2 ケーキ生地に電流を流し,発生するジュール熱でケーキを焼く実験をすることになった。図1のように,容器の内側に,2枚の鉄板を向かい合わせに立てて電極とし,ケーキ焼き器を作った。鉄板に,電流計,電圧計,電源装置を接続した。ケーキ生地を容器の半分程度まで入れ,温度計を差し込んだ。ケーキ生地には,小麦粉に少量の食塩と炭酸水素ナトリウムを加え,水でといたものを使用した。電源装置のスイッチを入れてケーキ生地に交流電流を流し,電流,電圧,温度を測定した。

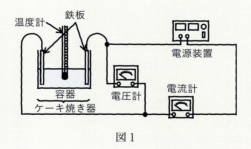

図1

いかがでしょうか？　まず気がつくのが実験をもとにした問題であるということです。その実験から得られたデータの解析や解釈など，今までのセンター試験には見られなかった問題が出題されます。全体を通して見られる特徴は，大学入学共通テストにおいては，ある公式を覚えておき，その公式に数字を当てはめて計算をするだけの理解では，正解にたどりつけないということです。
　物理はセンター試験の時代から，考えて導き出す問題が多い科目でした。大学入学共通テストを見ても，知識自体を過小評価していないことがわかります。違いは，知識は前提条件となり，知識を活用して解く問題（主に実験や日常の中の物理など）が，今まで以上に出題されることです。

実験と考察の大切さ

　話が抽象的になってしまったので，ここでより具体的にイメージしてもらうために，1つの実験とそこから派生する疑問について考えてみましょう。なお，ここで用いているデータは，私が実際に実験をして得たデータです。運動エネルギーと重力による位置エネルギーという用語やエネルギーについては，まだ学習をしていない人も多いと思いますが，まずは読み進めて，頭の中で実験を想像してください。

力学的エネルギーの保存の実験

目的　ある物体が落下するときに，重力による位置エネルギーと運動エネルギーの関係がどのようになっているのかを調べる。

〈実験手順〉
① 図のように速度計を2台セットする。
② ボールを自由落下させて2地点の速度を記録する。
③ 同じ高さからの測定を複数回行い，平均値を計算する。
④ 速度計と物体の間の距離や速度から重力による位置エネルギーと運動エネルギーを計算する。

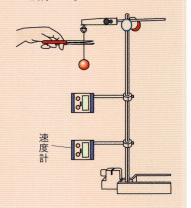

〈結果〉 おもりの質量0.028〔kg〕

ボールの高さh〔m〕	①重力による位置エネルギー〔J〕（計算方法）質量×9.8×高さ	速さ〔m/s〕（5回の平均値）	②運動エネルギー〔J〕（計算方法）$\frac{1}{2}×$(質量)×(速さ)^2
0.600	0.17	0	0
0.400	0.11	1.93	0.052
0.200	0.055	2.74	0.11

問題 それぞれのボールの高さにおける，重力による位置エネルギーと運動エネルギーの関係について，気がつくことはありますか。考えてみましょう。

ヒント 表の数字をよく見て，運動エネルギーと重力による位置エネルギーをグラフにすると，どのようなことが言えるでしょうか。

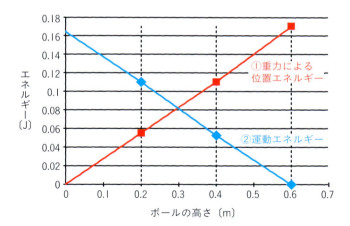

答え グラフを見て，それぞれのエネルギーの差を取ると，次のようになります。

おもりを落下させた高さh〔m〕	①重力による位置エネルギー〔J〕(計算方法)計算：質量×9.8×高さ	速さ〔m/s〕(5回の平均値)	②運動エネルギー〔J〕計算： $\frac{1}{2}$×質量×速さ^2
0.600	0.17　⎫	0	0　⎫
0.400	0.11　⎬ −0.06　−0.055	1.93	0.052　⎬ +0.052　+0.058
0.200	0.055　⎭	2.74	0.11　⎭

重力による位置エネルギーの減少分と，運動エネルギーの増加分がほぼ等しいことに気がつきます。重力による位置エネルギーと運動エネルギーの和（①＋②）を比較すると，どちらの場合もどの位置でもほぼ変わりません。グラフにしてみましょう。

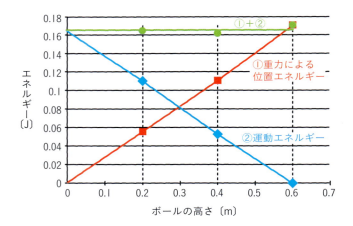

この実験とその結果から，==重力による位置エネルギーと運動エネルギーの和（力学的エネルギーという）は，落下運動において常に変化していない==ことが確認できました。これが答えです。

いかがでしたか？　今回のように，データを料理し，グラフ化をして考えるような問題が，大学入学共通テストにおいて重視されています。また，この他にも複数のグラフが問題で与えられ，そのグラフから適切な情報を読み取ることも問われます。グラフなどの資料に慣れることが重要でしょう。

　また，グラフの面積や傾きが別の物理の量を示していることがあります。本書の中で出会う特徴のあるグラフについて，一例として示します。

傾きが速度を表す　　傾きが加速度を表し，　面積が速度を表す
　　　　　　　　　　面積が距離を表す

　今までのセンター試験では，力学的エネルギー（①＋②）というものが変わらないことを前提とした，計算問題などが多く出題されていました。実際に問題を比較してみると，大学入学共通テストがいかに異なるものかがわかります。

大学入学共通テストにはどのように対応すればよいか

　まずは今までの対策と同じように，物理基礎の教科書にある法則や用語を理解することや，基礎的な計算問題を解くことができる計算力は必要です。物理基礎を選択する受験生の大半が文系の生徒であることを考えると，計算力があるだけで，大きな差をつけることができるかもしれません。

　これらの練習としては，教科書に掲載されている問題を解くことや今までのセンター試験の過去問題を解くことが有効です。

　その上で，これらの新しいパターンの問題を解く際に必要とされる力が，大学入学共通テストの目的として示された3つの力「思考力・判断力・表現力」です。

　これらの力を伸ばすためには，どのようにすればよいのでしょうか？　授業や日々の生活の中で，次のことを意識することをおすすめします。

✅ 自然現象を科学的に考え，思考力を育てる

　日常に見られる自然現象を科学的に考え抜きましょう。日常を注意深く過ごしたり，実験をしたりすれば疑問点が多く出てくるはずです。そんなとき，すぐに教科書などに書かれている答えを見ないで，実際に試すなど行動を起こして考えてみましょう。

✅ データを検証して，判断力を身につける

　教科書に書かれている代表的な実験について，実際に行ってデータを得ましょう。できない場合には教科書や資料集などのデータを見てもよいです。そして，それらのデータから適切なものを選び，図や表にまとめて，特徴や傾向などを見抜きましょう。

✅ 他の人と話し合って，表現力を高める

　実験によって得られた結果を表やグラフにまとめて，考えたことを他の生徒と話し合ってみましょう。自分とは異なるいろいろな意見を楽しむ姿勢が大切です。そして，それらの意見から気になる点を見つけたら，再度，実験計画を立てて実験をしてみることが望ましいです。

「思考力・判断力・表現力」を伸ばすには，行動が一番！

　このように，これらの能力は一朝一夕で得られる能力ではなく，実際に行動に移してこそ身につく力です。普段の授業や実験で，考え抜いた経験などがポイントです。つまり，今までの蓄積が問われるのです。

　そう聞くと，「今からでは，間に合わないかもしれない」と，不安に思う生徒もいるかもしれません。しかし，これらの力に関しては，今までの学校教育の中で全く身についていない力ではありません。つまり，現時点でゼロの人はいません。

　対策に遅いということはありません。本書を通じて，一緒に，今，この時から意識をして高めていきましょう。

本編

Theme 1 等加速度運動

≫ 1. グラフを制覇せよ！

物理の最初の単元は力学ですね！
力学って，どんな学問なんですか？

　力学とは「物体の動き」と「力」の関係をまとめた学問です。物理基礎の力学の問題は，大きく分けると，

次の 3 パターンしかありません。

1　等加速度運動
2　運動方程式
3　エネルギーの保存

この 3 つについて順番に見ていきましょう。

❶ 等加速度運動

　まずは**等加速度運動**です。物体の運動のようすについて，グラフと式でイメージできるようになると，等加速度運動に関する問題は簡単に解けてしまいます！
　まず，グラフと式の 2 つを使って物体の動きをとらえられるようにしていきましょう。次の図は，一定の時間間隔で撮影した，2 匹のてんとう虫の動きを示しています。

Theme 1 等加速度運動 15

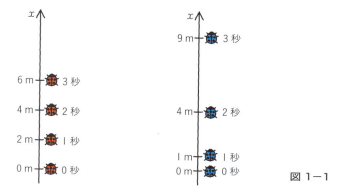

図1–1

　縦軸 x は，てんとう虫の移動距離を示しています。それぞれのてんとう虫について，時間 t の横軸をつくって，そのときの位置をプロットしてみましょう。

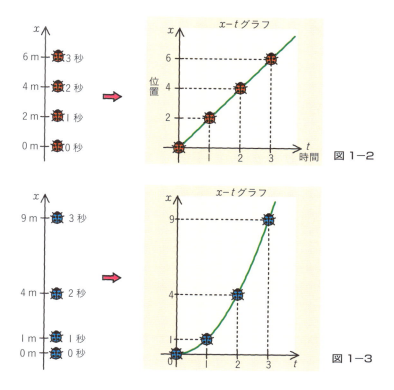

図1–2

図1–3

動きがよりわかりやすくなりましたね。このグラフを **x–t グラフ** といいます（グラフの名前は 縦軸の名前–横軸の名前 で表します）。赤いてんとう虫は「**等速度運動**」，青いてんとう虫は「**等加速度運動**」という運動をしています。

❷ 速さについて分析してみよう！

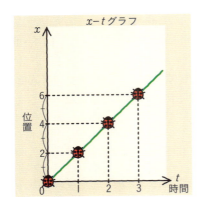
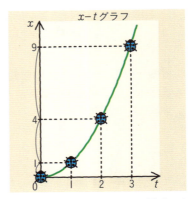

図1-4

　前ページの2つのグラフを並べてみたものが，上のグラフです。時間 t が経過するごとに，てんとう虫の位置 x が変わっていますね。左のグラフでは，赤いてんとう虫が1秒ごとに同じだけ位置が変化しています。つまり，同じ速さで進んでいるのです。対して右のグラフでは，青いてんとう虫が少しずつ足を速めながら，進んでいるのがわかります。

　速さとは単位時間あたりに進む距離のことをいい，次の式で表されます。

> **Point!**
> | 速さの式 |
>
> $$v = \frac{x}{t} \; \text{(m/s)} \qquad \left(速さ = \frac{距離}{時間}\right)$$

　なお，「速さ」と「速度」の違いについては，p.28で説明します。それまでは，同じものとして説明していきます。

1秒間で,てんとう虫が3m進んでいたとき,このてんとう虫の速さは3m/sというように表すことができます。グラフでは,1秒ごとにてんとう虫が進んだ距離,つまり図の x 軸の幅が,速さを示しています。もう,てんとう虫を入れないグラフにしますよ。

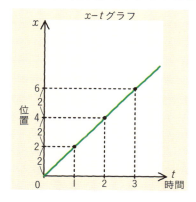 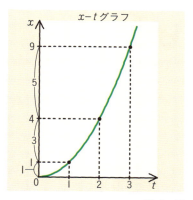

図1-5

これで物体の動きをとらえることができました。でも,もう少しストレートに,見た瞬間に速度がパッとわかるグラフがあったら便利ですよね。そのグラフを**図1-6**に示します。

図1-5の左側のグラフを見ると,1秒あたりに2mずつ進んでいることがわかります。つまり左のグラフの運動では,速度が「2」でずっと変化しないことがわかります。それに対して,**図1-5**の右側のグラフの運動では速度が変化しているのがわかりますね。

これらの結果から,縦軸に速度を,横軸に経過時間を表すと**図1-6**のようになります。

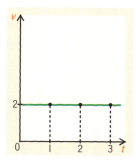 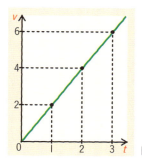

図1-6

このグラフを **v–t グラフ** といいます。v–t グラフを見れば，てんとう虫の速さが一発でわかりますね！

> え!?　図1−5の右側のグラフでは，
> $t=3$ のとき $x=9$ だよね。
> そしたら $t=3$ では $v=9÷3=3\,\mathrm{m/s}$ じゃないの？
> 図1−6の右側では $t=3$ で $v=6\,\mathrm{m/s}$ になってておかしいのでは？

　いい質問ですね！　小学校までの理科では速度が変化しなかったのですが，高校の物理では，速度が一定ではなく，変化するんですよ。
　x–t グラフの $t=3$，$x=9$ の点から求めた $3\,\mathrm{m/s}$ のことを，0秒から3秒までの **平均の速度** といいます。それに対して，**図1−6** のように，v–t グラフの3秒での速度 $6\,\mathrm{m/s}$ を，**瞬間の速度** とよびます。**高校の物理で速度といった場合，瞬間の速度を表していることがほとんど** なんですよ。このことは注意しておいてください。

> 速度が変化する運動ですか……
> なんだか難しそうですね。

　心配ありませんよ！　物理基礎の範囲で出てくる運動は，小・中学校で習った等速度運動のほかに，等加速度運動という，もう1種類の運動だけをマスターすればいいんですから。

❸ 加速度と a–t グラフ

　加速とは言葉の通り，速度が加わることです。たとえば，リレーのとき，"よーいドン！"の瞬間，選手は速度が0の状態から加速をして，速度が増えていきます。そしてトップスピードになると，もう速度は変化しなくなります。もう一度，てんとう虫の v–t グラフを見てみましょう。

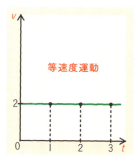
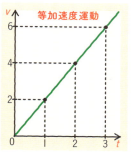

図1−7

　左のグラフでは，てんとう虫は同じ速度で動き続けています。加速していません。この運動を**等速度運動**といいます。対して右のグラフでは，てんとう虫の速度は時間とともに，一定の割合で増えている，加速しているのがわかりますね。この運動を**等加速度運動**といいます。

　加速度は単位時間での速度の変化のことで，次の式で表されます。

> **Point!**
>
> | 加速度の式 |
>
> $$a = \frac{v}{t} \ [\mathrm{m/s^2}]$$
>
> $$\left(加速度 = \frac{速度の変化}{経過した時間}\right)$$

　たとえば，止まっていた車が発車して，2秒後に速度が6 m/sとなったとき，その加速度は$6 \div 2 = 3 \ \mathrm{m/s^2}$となります。

　加速度の単位には$\mathrm{m/s^2}$を使います。

　それでは加速度がわかりやすいように，縦軸に加速度aを，横軸に時間tをとった**a-tグラフ**をかいてみましょう。**図1−7**のそれぞれの運動のa-tグラフは，次の**図1−8**のようになります。

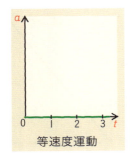 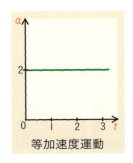

図 1-8

　左側のグラフを見ると，加速度 a が 0，つまりてんとう虫が加速していない様子がわかります。それに対して右側のグラフを見ると，加速度 a が 2，つまり一定の割合で加速していることがわかりますね。

❹ 3 つのグラフと 2 つの秘密！

　ここまで，等速度運動と等加速度運動をしている，2 種類のてんとう虫の運動を，x-t グラフ，v-t グラフ，a-t グラフという 3 つのグラフで表してきました。実は，この 3 つのグラフには秘密が隠れています。等速度運動の 3 つのグラフを，以下に並べてみましょう。

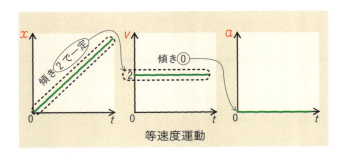

図 1-9

こうしてみるとわかるように，

3 つのグラフは傾きでつながっている！

のです。x-t グラフが傾いていると，v-t グラフに値が表れます。また，v-t グラフが傾いていないので(傾き 0)，a-t グラフは 0 になります。同じように等加速度運動の 3 つのグラフも観察してみましょう。

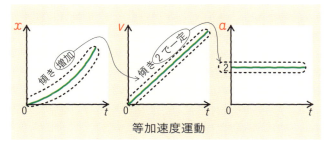

図1−10

　x-t グラフを見ると，2次関数で，傾きがだんだん増えていきます。よって，v-t グラフも増えます。v-t グラフの傾きは2で一定になっています。よって，a-t グラフの値が2になります。3つのグラフが傾きで関連し合っているのがわかりますね。

　まとめると，次のようになります。

グラフの秘密１

- x-t グラフの傾きは速度を示す。
- v-t グラフの傾きは加速度を示す。

　実は，もう1つ隠された秘密があります。p.17の**図１−６**左の等速度運動の v-t グラフにおいて，$t=3$ のところで四角形をつくります。そして面積を計算すると，$2×3=6$ となりますね。

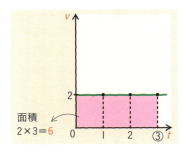

図1−11

次に、同じ運動について表した x-t グラフ（p.17 の**図1-5左**）の $t=3$ のところを見てみると……**6** であることがわかります。

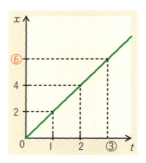

図1-12

同じように、等加速度運動のグラフ（p.17 の**図1-6右**）を見てみましょう。v-t グラフの $t=3$ 秒のところは三角形になり、面積を計算をすると、$3 \times 6 \times \dfrac{1}{2} =$ **9** となります。

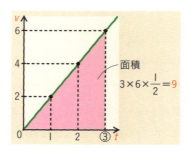

図1-13

そして、同じ運動について表した x-t グラフ（p.17 の**図1-5右**）の $t=3$ のところを見ると、やはり **9** になっています。

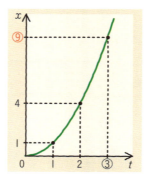

図1-14

***v-t* グラフの面積はそのときに進んだ距離と対応している**のです！
これが 2 つ目の秘密です。

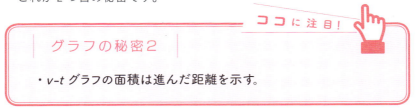

グラフの秘密 1・2 のことをまとめると，「*v-t* グラフ」さえわかれば，その「傾き」や「面積」を調べることで，位置 x や加速度 a がわかってしまうのです。

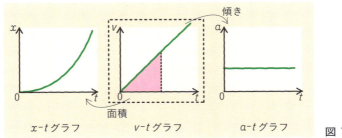

図 1−15

つまり *v-t* グラフの性質さえ押さえておけば，ほかの 2 つのグラフの情報がわかるということになります。

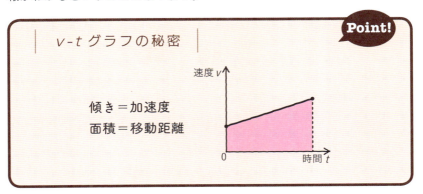

この *v-t* グラフの秘密，そのまま問題で問われますよ！

24   Chapter_1   力学

それでは問題を解いてみましょう。紙とペンを用意してください。とにかくたくさんの紙を持ってきて，かきながら考えてみてくださいね！

練習問題

(1) 60 m を 12 秒で走ったときの平均の速さは何 m/s か。

(2) 一定の速さ 20 m/s で 160 m 進むのにかかる時間は何秒か。

(3) はじめに速度 5.0 m/s で走っていた電車が一定の割合で加速し，10 秒後に 10 m/s の速度になった。このときの加速度の大きさはいくらか。

解答・解説

(1) 速さとは 1 秒間に移動した距離のことをいいます。今回は 12 秒で 60 m 動いたので，1 秒間に動いた距離は

$$\frac{60}{12} = 5 〔m/s〕 \quad 答$$

（有効数字を考えると 5.0 m/s になります。有効数字に関しては p.57 を参考にしてください。）

(2) 20 m/s とは 1 秒間で 20 m 進むということなので，160 m 進むのにかかる時間は

$$\frac{160}{20} = 8 〔s〕 \quad 答$$

（有効数字を考えると，8.0 s）

(3) 加速度とは 1 秒あたりの速度の変化量です。この電車は 10 秒間で速度が 5 から 10 に増えたので，増加量は 5 です。よって，加速度は

$$\frac{5}{10} = 0.5 〔m/s^2〕 \quad 答$$

（有効数字を考えると 0.50 m/s^2）

・文字式を使いこなそう！

(1)について，文字式を使って解くと，次のようになります。

速度は $v=\dfrac{x}{t}$ だから $v=\dfrac{60}{12}=5$〔m/s〕

このように文字式で計算をすると，突然できなくなってしまう人もいます。**文字は単なる箱だと思ってください。** この箱には実際には数字が入ります。ただ，すべての箱に同じ名前をつけると，ややこしいので **速度**（英語で velocity）なら **v** を，**時間**（英語で time）なら **t** と，名前をつけているだけです。

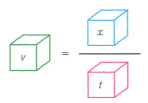

図 1-16

距離 x は x 軸からきています。次の問題を通して，速度を1つ計算してみましょう。

例題

> 10 秒で 100 m 走ったときの速さを求めなさい。

暗算でもできますね。1秒あたりに進む距離が速度だから，10 で割れば速さが出てきます。でも，今回は上の公式に代入して求めてみましょう。箱にそれぞれに対応する数字を入れていきます。

$$v = \dfrac{100\,\text{m}}{10\,\text{s}}$$

$$= \dfrac{100}{10} = \mathbf{10}\,\text{〔m/s〕} \quad \text{答}$$

箱の考えかたがわかりましたか？

練習問題

(1) 次の x-t グラフは、ある人の運動のようすを示している。この人の速さを求めなさい。

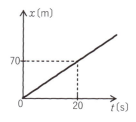

(2) 駅で止まっていた電車が、一定の加速度 0.40 m/s^2 で 20 秒間動いた。
   ① この運動の v-t グラフをかきなさい。
   ② このグラフを使って、20 秒間に移動した距離を求めなさい。

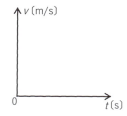

解答・解説

(1) x-t グラフの傾きは速度を示しているのでしたね。傾きを求めると、20 秒間で 70 m まで移動したので次のようになります。

$$\frac{70}{20} = 3.5 \text{ (m/s)} \quad \text{答}$$

(2) ① 静止していたので、0 秒のときの速さは 0 m/s となります。そして v-t グラフの傾きは加速度を示す (p.21) ので、傾きが 0.40 の v-t グラフをかきましょう。

傾きとは目盛りが1増えたときの変化量なので，1秒では0.40，2秒では0.80と増加していきます。よって，20秒後には，0.40×20＝8.0 m/sの速さになっていることがわかります。

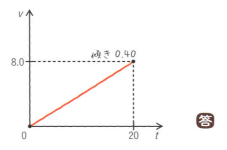

② v–t グラフの面積は，進んだ距離を示す（p.23）のでした。よって，三角形の面積を計算すると，答えが求められます。

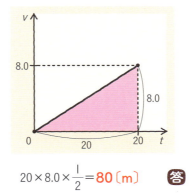

$$20 \times 8.0 \times \frac{1}{2} = \mathbf{80 \, (m)}$$ 答

❻ 組立単位について

m/s や m/s² など，いろいろな単位が出てきましたね。これって覚えなくちゃならないんでしょうか？

覚えなくていいですよ！ 速度の単位は〔m/s〕。加速度の単位は〔m/s²〕……。たまにこのことを暗記しようとしている人を見かけます。ちょっと待った！ 暗記はしないでください。

たとえば，速度の単位(m/s)のスラッシュ(/)は分数の線を示しています。つまり「÷」という意味と同じです。速度の式を単位付きで見てみましょう。

$$v(m/s) = \frac{x(m)}{t(s)} = \frac{x}{t} (m/s)$$

このように距離(m)を時間(s)で割っているので，(m/s)となるというわけです。なんと！　単位の中に公式がかかれています！　これを**組立単位**といいます。加速度であれば，速度をさらに時間で割っているので，m/s÷s＝m/s^2 となります。覚える必要はありませんね。

❼ 速さと速度の違い

今までは「**速さ**」と「**速度**」という言葉をまぜて使ってきましたが，物理では「**速さ**」と「**速度**」を使い分けます。

図1-17

図1-17のように，車が東向きに10 m/sで走っていたときの「速さ」は「10 m/s」を指します。対して「速度」は「東向きに10 m/s」となります。つまり，速度には「速さ＋向き」という2つの要素があるのです。このような「**向きと大きさ**」を持つ量を**ベクトル**といい，**矢印で表します。**

図1-18のように右向きを正の方向とした場合，左向きに5 m/sの速さで走っている車の速度は－5 m/sとなります。

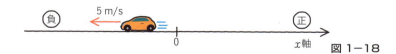

図1-18

問題文では速さを問われているのか，速度を問われているのかを注意してください。今後は速さと速度を使い分けてくださいね。加速度や，あとで出てくる「力」も，大きさと向きをもちます。

≫ 2.「等加速度運動の公式」を使いこなせ！

グラフで，運動の様子はよくわかったけど，具体的な数値は，どんな数式を使って求めるの？

≫ 1 では，速度や加速度の意味を理解し，グラフの性質を使って，運動の問題を解くことができるようになりました。今度は数式をあやつり，運動の問題を解けるようにしていきましょう。

❶ 等加速度運動の公式

今回は，はじめて物理の公式が出てきます。

等加速度運動の位置の公式・速度の公式 Point!

$$\begin{cases} x = \dfrac{1}{2}at^2 + v_0 t & \cdots\cdots ❶ \quad 位置の公式 \\ v = at + v_0 & \cdots\cdots ❷ \quad 速度の公式 \end{cases}$$

この2つの公式は必ず覚えてください！ 物理基礎に出てくるもっとも長い公式です。もうこんな長いものは出てこないのでご安心を！

この公式は，長くて何に注目すればいいのかわかりにくいです。そこで，公式の右辺の t 以外の文字は隠してしまいましょう。

$x = ○ t^2 + ○ t \quad \cdots\cdots ❶$

$v = ○ t + ○ \quad\quad \cdots\cdots ❷$

すると，❶式の位置 x は，時間 t が変数である 2 次関数になっていることがわかります。また，❷式の速度 v は，時間 t が変数である 1 次関数になっていることがわかります。

この式は，等加速度運動の x-t グラフと v-t グラフのことを表しているのです。

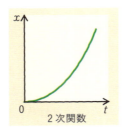

図1-19

　❶の公式は，単に時間がたつと物体の位置が変化するよ（t が大きくなると x が変化するよ），ということを示しています。

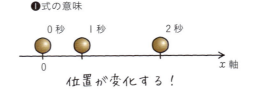

図1-20

　また，❷の公式も同じように，等加速度運動では，時間がたつと速度が変化するよ（t が大きくなると v が変化するよ），ということを示しています。

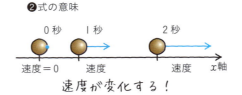

図1-21

　イメージできたでしょうか？　では，この長い公式は，どのようにしてつくられたのでしょうか。
　その答えを知るために，そのほかの記号が，どんな意味をもっているのか見ていきましょう。

$$x = \frac{1}{2}at^2 + v_0 t \quad \cdots\cdots ❶$$

$$v = at + v_0 \quad \cdots\cdots ❷$$

❶や❷の公式にある a は加速度を示します。見慣れないのが，「v_0」ですね。v_0 は「**はじめにもっていた速度**」を示します（v_0 の「0」は時刻がゼロという意味です）。これを**初速度**といいます。

❷ 位置の公式の導出

ある加速度 a で等加速度運動をする車が，私たちの目の前を通過したとします。その瞬間にストップウォッチを押します。スタート！　というわけです。この目の前を通過したときの速度，はじめにもっていた速度が初速度 v_0 です。

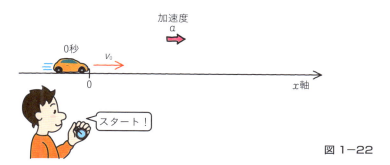

図1−22

上の図のように速度は細い矢印で，加速度は太い矢印で引きます。

では，初速度 v_0 で一定の加速度 a で走る車の運動は，v-t グラフでどのように表せるのでしょうか。ここから公式をつくっていきますよ！

0 秒で速度をもっているので，時間 0 秒の速度は v_0，そして v-t グラフの傾きは加速度を示す（p.21）ので，傾き a の直線がかけます。

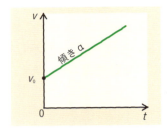

図 1-23

では，ある時刻 t 秒のときに，この車はどの位置 x にいるでしょうか？ v-t グラフの面積は進んだ距離を示す（p.23）のでしたね。上のグラフを四角形と三角形に分けて，色をぬったのが下の図です。それぞれの面積を計算してみましょう。

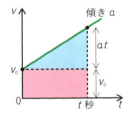

図 1-24

グラフの傾きは加速度 a なので，t 秒後の増加量は at です。

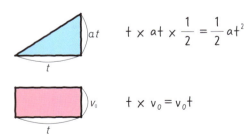

$$t \times at \times \frac{1}{2} = \frac{1}{2}at^2$$

$$t \times v_0 = v_0 t$$

2 つの面積を足して，移動距離を求めると

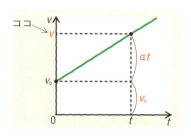

図 1-25

おお！　❶の位置の公式が出てきましたね！

❸ 速度の公式の導出

次に，ある時刻 t 秒での速度を求めてみましょう。下のグラフの，「ココ」と示したところが速度にあたります。

図 1-26

もともと v_0 からスタートしていたので，このときの速度 v は

$$v = at + v_0$$

となります。❷の速度の公式が出てきましたね！

なるほど！　この台形のグラフさえかければ，式を忘れても導くことができるわけですね！

そうです！　でも，覚えてしまったほうがいいですよ。自信のないときは導いてもいいですけどね。

それでは，これらの公式を実際にどのように使うのか，練習してみましょう。

例題

ある車が，原点を正の方向に 2.0 m/s で通過しました。この瞬間，車は加速度 4.0 m/s² で加速をはじめました。3 秒後，この車は原点からどの場所にいて，どのような速度ですか。また 5 秒後についても，位置と速度を求めなさい。

物理ができる人は，暗算をしながら紙にメモをして，ササッと問題を解いてしまいます。そんな人がまわりにいませんか？ ちょっとかっこよく見えますが，頭の中でやっていることは，そんなにかっこいいことでも，難しいことでもありません。

それを目に見える形でまとめたのが，次の「**3 ステップ解法**」です。

等加速度運動の 3 ステップ解法

- **ステップ 1** 絵をかいて，動く方向に軸をのばす。
- **ステップ 2** 軸の方向を見て，速度・加速度に＋または－をつける。
- **ステップ 3** a, v_0 を「等加速度運動の公式」に入れて問題にあった式をつくる。

このステップに沿って，問題を解いてみましょう。

ステップ 1 絵をかいて，動く方向に軸をのばす

問題文を読みながら，頭の中でイメージするのではなくて，実際に絵をかきながら考えてみましょう。次のような絵がかけます。

右に車が動いているようにかいたので，右に軸を伸ばしましょう。これがルールです。

Theme 1 等加速度運動 35

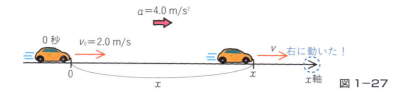

図 1-27

絵をかくときのポイントは，次の 3 つです。
- **加速度を太い矢印でかくこと**
- **速度を細い矢印でかくこと**
- **問題からわかる情報をかき込んでおくこと**

ステップ2 軸の方向を見て，速度・加速度に＋または－をつける

軸の方向と同じ向きを向いている矢印には＋を，逆方向を向いている矢印には－をつけます。今回の場合は，すべて＋となります。

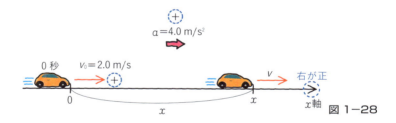

図 1-28

ステップ3 a，v_0 を「等加速度運動の公式」に入れて問題にあった式をつくる

まず a と v_0 を絵のなかから探しましょう。

絵を見ると，加速度 a が 4.0，初速度 v_0 が 2.0 だ！

$a = 4.0 \qquad v_0 = 2.0$

これを「等加速度運動の公式(p.29)」の❶位置の公式と❷速度の公式に代入してください。ただし，まだ時間 t は入れません。

36　Chapter_1　力学

$$x = \frac{1}{2}at^2 + v_0 t = 2t^2 + 2t \qquad \cdots\cdots \text{❶}'$$

　　　　　　4.0　　2.0

$$v = at + v_0 = 4t + 2 \qquad \cdots\cdots \text{❷}'$$

　　　4.0　　2.0

　これが今回使う位置の式と速度の式です。このように，「等加速度運動の公式(p.29)」に，設定に合った数値の a，v_0 を入れて，**2 つの公式を手直しして，使っていきます**。これがポイントですよ。

　それでは解いていきます。3 秒後の位置について知りたいので，位置の式❶′の時間 t に 3 を代入して求めてみましょう。

【3 秒後の位置】　$x = 2t^2 + 2t = 2\cdot 3^2 + 2\cdot 3 = 18 + 6 = \mathbf{24}\,(\mathrm{m})$　　答

　同じように速度の式❷′に代入します。
【3 秒後の速度】　$v = 4t + 2 = 4\cdot 3 + 2 = 12 + 2 = \mathbf{14}\,(\mathrm{m/s})$　答

5 秒後の位置や速度についても同様に，t に 5 を代入して求めます。
【5 秒後の位置】　$x = 2t^2 + 2t = 2\cdot 5^2 + 2\cdot 5 = 50 + 10 = \mathbf{60}\,(\mathrm{m})$　答
【5 秒後の速度】　$v = 4t + 2 = 4\cdot 5 + 2 = 20 + 2 = \mathbf{22}\,(\mathrm{m/s})$　答

　物理が得意な人は，この絵をかく過程や公式をつくり直す過程を頭の中でやってしまっているだけで，突然最後の計算のところからスタートしているように見えるわけです。タネ明かしをすれば，別に難しいことをやっているわけではないのです！
　紙とペンをもってきて，必ず絵をかきながら解いてみてくださいね！

練習問題

(1)　静止していた車が，加速度 0.40 m/s^2 で 20 秒間加速した。移動距離を求めなさい。また，20 秒後の速度を求めなさい。

(2) 12 m/s の速さで走っていた自動車が，ブレーキをかけて一定の加速度で減速し，5.0 秒後に止まりました。このときの車の加速度を求めなさい。また，停止するまでの移動距離を求めなさい。

(3) x 軸上を等加速度運動するボールが，原点を速度 2.0 m/s で通過した後，$x=5.0$ m の点を速度 6.0 m/s で通過した。このボールの加速度はいくらか。

解答・解説

(1) 「等加速度運動の3ステップ解法(p.34)」で解きましょう。

ステップ1 絵をかいて，動く方向に軸をのばす

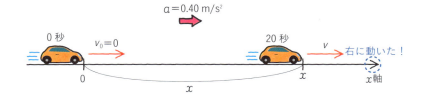

ステップ2 軸の方向を見て，速度・加速度に＋または－をつける

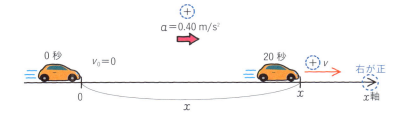

ステップ3 a，v_0 を「等加速度運動の公式」に入れて問題にあった式をつくる

$$x = \frac{1}{2}at^2 + v_0 t = 0.20t^2 \quad \cdots\cdots ①$$
　　　　↑　　↑
　　　+0.40　+0

$$v = at + v_0 = 0.40t \quad \cdots\cdots ②$$
　　↑　　↑
　+0.40　+0

式①，②のそれぞれに時間 $t=20$ を代入しましょう。
【20秒間の移動距離】　$x=0.20t^2=0.20\times20^2=$ **80**〔m〕　
【20秒後の速度】　　　$v=0.40t=0.40\times20=$ **8.0**〔m/s〕　

(2) 「等加速度運動の3ステップ解法(p.34)」で解きましょう。

ステップ1　絵をかいて，動く方向に軸をのばす

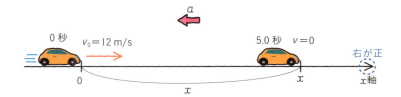

この場合，**減速をしているため加速度は x 軸と逆を向きます**。加速度の大きさはわからないため，a とおきます。

ステップ2　軸の方向を見て，速度・加速度に＋または－をつける

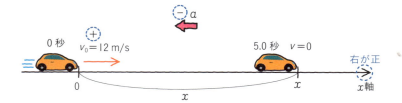

加速度は x 軸とは逆を向いているので，マイナスとなります。

ステップ3　a，v_0 を「等加速度運動の公式」に入れて問題にあった式をつくる

$$x=\frac{1}{2}at^2+v_0 t=-\frac{1}{2}at^2+12t \quad \cdots\cdots ③$$
　　　　　　↑　　↑
　　　　　$-a$　$+12$

$$v=at+v_0=-at+12 \quad\quad\quad \cdots\cdots ④$$
　　↑　　↑
　$-a$　$+12$

まず速度の条件から見ていきましょう。この車は 5.0 秒後に速度が 0 m/s になったので、④の速度の式に $t=5.0$, $v=0$ を代入してみましょう。

$$v = -at + 12$$
$\uparrow\uparrow$
05.0

$$0 = -5a + 12$$
$$a = 2.4 \text{ (m/s}^2\text{)}$$

「加速度の大きさ」であれば、2.4 m/s² でもよいのですが、「加速度」を求めなさいと問われているので、答えは向きも含めてかきましょう。

車がはじめに動いていた向きとは逆向きに 2.4 m/s²

次に、移動距離について求めます。③の位置の式の加速度 a に 2.4 を、時刻 t には 5.0 を代入します。

$$x = -\frac{1}{2} \times 2.4 \times 5.0^2 + 12 \times 5.0$$
$$= -30 + 60$$
$$= \mathbf{30 \text{ (m)}}$$

(3) 「等加速度運動の 3 ステップ解法 (p.34)」で解きましょう。

ステップ1 絵をかいて、動く方向に軸をのばす

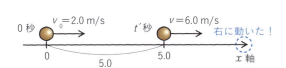

加速度の大きさはわからないため、とりあえず a とおきます。

ステップ2 軸の方向を見て、速度・加速度に＋または－をつける

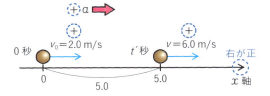

40　Chapter_1　力学

ステップ3　a, v_0 を「等加速度運動の公式」に入れて問題にあった公式を
　　　　　つくる

$$x=\frac{1}{2}at^2+v_0t=\frac{1}{2}at^2+2t \quad \cdots\cdots ⑤$$

（$+a$、$+2.0$）

$$v=at+v_0=at+2 \qquad\qquad \cdots\cdots ⑥$$

（$+a$、$+2.0$）

　さて，ここからがこの問題の難しいところです。ボールが $x=5.0$ の位置を通ったときの時間が問題文からはわかりません。

　使っていない数字にヒントがあります。それが「$x=5.0$ のとき，速度が 6.0」になっているということです。このときの時刻を t' として，⑤式と⑥式に代入してみましょう。

$$5.0=\frac{1}{2}at'^2+2t' \quad \cdots\cdots ⑤'$$

$$6.0=at'+2 \qquad\qquad \cdots\cdots ⑥'$$

　⑤′と⑥′を見ると，わからないのが a と t' の2つです。2つわからないものはありますが，**式は2つありますので，連立すれば解くことができます。** ⑥′の式で t' について解いて，⑤′に代入して計算をしていきます。⑥′を t' について解くと

$$t'=\frac{4}{a}$$

これを⑤′に代入すると，次のようになります。

$$5.0=\frac{1}{2}a\left(\frac{4}{a}\right)^2+2\left(\frac{4}{a}\right)$$

これを a について解くと

$$5.0=\frac{1}{2}a\left(\frac{16}{a^2}\right)+\frac{8}{a}$$

$$5.0=\frac{8}{a}+\frac{8}{a}$$

$$5.0=\frac{16}{a}$$

$$5a=16$$

$$a=16\div5=\textbf{3.2}\,(\text{m/s}^2) \quad \textbf{答}$$

右上: *Theme 1* 等加速度運動 **41**

④「時間のない公式」の紹介

(3)の問題は 2 つの式を連立しなければいけなかったので，少し面倒でしたよね。実は，このように時間を問われていない問題を解くときに便利な公式があります。

それが「時間のない公式」という，もう1つの隠れ公式です。

「等加速度運動の公式(p.29)」には，❶位置の公式と❷速度の公式がありましたが，❸が次の「時間のない公式」です。

> **Point!**
>
> | 等加速度運動の時間のない公式 |
>
> $$v^2 - v_0^2 = 2ax \quad \cdots\cdots ❸$$

この式は，等加速度運動の，❶位置の公式と❷速度の公式から，時間 t を消去することによって出てくる公式です。❷の式を"$t=$"の形にし，❶に代入して整理すると，❸の式になります。ちょっと面倒な式展開なのですが，その面倒くささを回避して，結果のみを使うのが，この公式なのです。覚えてしまえばよいのですが，もし余裕があれば，計算して導いてみてください。それでは❸時間のない公式を使って，p.37 の(3)の問題を解いてみましょう。

初速度 v_0 が 2.0，最終的な速度 v が 6.0，位置 x が 5.0 なので，これらを代入してみます。

$$v^2 - v_0^2 = 2ax$$

6.0 2.0 5.0

$$32 = 10a$$

$$a = 3.2$$

すぐに解けました！　便利ですよね！

❸時間のない公式は，その名前の通り，p.37 の(3)のような，問題文に時間が含まれていない場合に有効です。

>> 3. ゼッタイに覚えるな！ 落下運動の公式

❶ 落下運動

　物理は身近な自然現象をあつかうので，すぐに役立つことが多いものです。では「等加速度運動の公式(p.29)」って，身のまわりのどんなことに応用できるのでしょうか。

　実は，この運動はみなさんの身近にあふれています。その1つが**落下運動**です。つまり，みなさんはもう落下運動について，「等加速度運動の公式」を使うことによって，

　　　　未来の位置を予測することができるようになっているはず！

なのです。ちょっと一息ついて，学校で使っている教科書を開いてみてください。落下運動について見ていくと……なんと，さらに6つの公式が出てきます。

自由落下
$$\begin{cases} y = \dfrac{1}{2}gt^2 \\ v = gt \end{cases}$$

鉛直投げ下ろし
$$\begin{cases} y = \dfrac{1}{2}gt^2 + v_0 t \\ v = gt + v_0 \end{cases}$$

鉛直投げ上げ
$$\begin{cases} y = -\dfrac{1}{2}gt^2 + v_0 t \\ v = -gt + v_0 \end{cases}$$

　　　ひえ〜〜。こんなにたくさん公式があるの！？

　ご安心ください！　実は，これらの公式はまったく覚える必要がないのです。というか

　　　　　　　　絶対に覚えないでください！

　ポイントはこれらの公式を「**つくれるようになる**」ことなのですね。

では「覚えなくていい！」ということを頭のスミに置きながら，1枚のティッシュを右手に，消しゴムを左手に持ち，立ち上がってください。腕の高さから同時に手をはなして，落としてみましょう。どちらが先に落ちるでしょうか？　消しゴムのほうが速いですよね。ティッシュは空気抵抗を受けて，ヒラヒラと落ちていきますからね。

では次に，ティッシュを小さく丸めて，消しゴムといっしょに落としてみてください。

同時に落ちました！

このように条件（空気の抵抗を受けにくいなど）を整えると，すべての物体は同じ加速度（等加速度運動）で落下していきます。その加速度は **9.8 m/s^2** です。これは地球専用の数字であり，月にいくとその加速度は変化します。つまり「9.8」は私たち地球に住むものにとって特別な数字です。円周率 3.14 を「π」という記号でおくように，9.8 を「g」という記号でおきます。**g** を **重力加速度** といいます。

このことを知っていると，簡単に物体の位置や速度を予測できます。

たとえば，ボールを橋の上から初速度 0 で落とすとします。

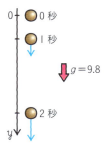

図 1-29

このように初速度 0 の落下を 「**自由落下**」 といいます。初速度は 0，加速度は 9.8 なので，「等加速度運動の公式（p.29）」の ❶ 位置の公式と ❷ 速度の公式は，次のようになります。

$$\begin{cases} y = \dfrac{1}{2}at^2 + v_0 t = \dfrac{1}{2}gt^2 = 4.9t^2 & \cdots\cdots ❶ \\ v = at + v_0 = gt = 9.8t & \cdots\cdots ❷ \end{cases}$$

(↑ g, ↑ 0, ↑ $g=9.8$)

ここで x ではなくなぜ y を使っているのか気になった人もいるかもしれません。**物理では普通，水平方向は x，鉛直方向は y を使います。** ❶の位置の公式が y になったのは，そのルールに合わせるためなのであまり気にしないでください。

これが教科書にかいてある「自由落下の公式」です。a を g に変えただけですから，「等加速度運動の公式(p.29)」さえ覚えていれば，新しく覚える必要はありませんでしたね！ では，落下運動を具体的な数字をあてはめて見てみましょう。

ある物体を初速度 0 で落下させれば，1 秒後には

　　1 秒　　$y = 4.9$ (m)

の位置にいます。これは❶式の t に 1 を入れて求めました。同じように，2 秒，3 秒と入れて求めていくと，次のようになります。

　　2 秒　　$y = 19.6$ (m)
　　3 秒　　$y = 44.1$ (m)

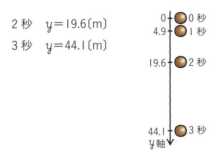

図 1−30

3 秒後には 44.1 m も落ちている，と物体を落とす前に物体の位置がわかってしまうのですね！

Theme 1 等加速度運動   **45**

　同じように，❷速度の式に時間を入れていけば，その時間での速さを求めることができるというわけです。未来を予測できる！　等加速度運動の公式って便利です。

　次に下向きに初速度をつけて投げ下ろした場合の落下運動について見てみましょう。これを「**鉛直投げ下ろし**」といいます。
　これも簡単。初速度を「等加速度運動の公式(p.29)」に入れて，組み立てればいいだけです。

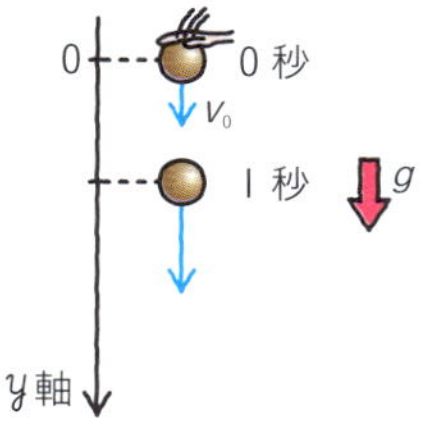

$$y = \frac{1}{2}at^2 + v_0 t = \frac{1}{2}gt^2 + v_0 t \quad \cdots\cdots ❸$$

$$v = at + v_0 = gt + v_0 \quad\quad\quad\quad \cdots\cdots ❹$$

図 1−31

　この❸位置の式や❹速度の式に時間を入れていけば，そのときのボールの位置や速度がわかります。これが「鉛直投げ下ろし」の公式です。できました！　何度もいいますが，「等加速度運動の公式(p.29)」から導ければいいので，❸，❹の式も**覚えないでくださいね！**

❷ 鉛直投げ上げ運動

　ではちょっと難しくて，試験でも登場しやすい，物体をポーンと上向きに投げたときの運動について見ていきましょう。これを「**鉛直投げ上げ**」といいます。初速度がはじめに上向きにあるので，上昇していきます。しかし少しずつ速度を落としながら，あるところまで行くと，今度は下降して，手元に戻ります。

　この運動のポイントは時刻 0 で上向きに初速度があることです。この例については，「等加速度運動の 3 ステップ解法(p.34)」を使って，少していねいに公式をつくってみましょう。

ステップ1 絵をかいて,動く方向に軸をのばす

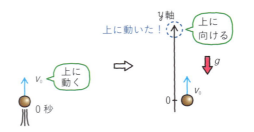

図1-32

y軸は「ボールがはじめに動く方向」にとるのが鉄則です。先ほどの自由落下や鉛直投げ下ろしの場合は,どちらも,はじめに下に動き出すので,軸は下に向けていました。今回の鉛直投げ上げ運動は,ボールははじめ上に動くので,上向きに軸をのばしましょう。これが正の向きです。

原点はボールがはじめにいる位置にしましょう。また,重力加速度gを図にかき込んでおきます。

ステップ2 軸の方向を見て,速度・加速度に＋または－をつける

速度や加速度などのベクトル量にプラス,マイナスをつけていきます。y軸の向きと同じ上向きなら「正」,逆向きなら「負」です。

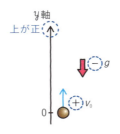

図1-33

ここでのポイントは重力加速度が「マイナス」になることです！

なるほど！ 加速度もベクトルだから,p.28のように向きを気にしないといけないんですね。

ステップ3 a, v_0 を「等加速度運動の公式」に入れて問題にあった式をつくる

加速度 a は「$-g$」となります。この点に注意して、これらを「等加速度運動の❶位置の公式と❷速度の公式(p.29)」に代入しましょう。

$$\begin{cases} y = \dfrac{1}{2}at^2 + v_0 t = -\dfrac{1}{2}gt^2 + v_0 t & \cdots\cdots ❺ \\ v = at + v_0 = -gt + v_0 & \cdots\cdots ❻ \end{cases}$$

このようにして、鉛直投げ上げの公式ができました！　やっぱり覚えなくてよかったのですね。この式の意味を、数式から具体的に考えてみます。本当に投げ上げたときの運動の様子を表しているのでしょうか？

たとえば、真上へ投げ上げる初速度 v_0 を 20 m/s、重力加速度 g をおよそ 10 m/s^2 とします(本当は重力加速度 g は 9.8 なのですが、今回はわかりやすさのためおよそ 10 としました)。これを鉛直投げ上げの❺位置の公式と❻速度の公式に代入すると次のようになります。

$$\begin{cases} y = -\dfrac{1}{2} \times 10t^2 + 20t = -5t^2 + 20t & \cdots\cdots ❺' \\ v = -10t + 20 & \cdots\cdots ❻' \end{cases}$$

それぞれ 0 秒から 4 秒まで時間を t に代入して、図に表してみましょう。まずは❺'位置の式です。

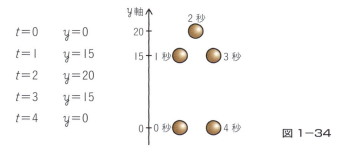

図 1-34

次に同じ図に速度を重ねてみましょう。❻′ 速度の式の t に 0〜4 を代入すると，次のようになります。

$t=0$　　$v=20$
$t=1$　　$v=10$
$t=2$　　$v=0$
$t=3$　　$v=-10$
$t=4$　　$v=-20$

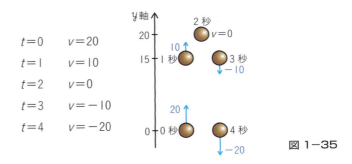

図 1-35

最高点までは速度が少しずつ減っていきます。そして最高点で速度が 0 となり，そのあとにマイナスとなりますが，これは下に落ちてくることを示しているわけです。

まさにボールを投げ上げたときの様子が表されているね。面白い！

よく鉛直投げ上げの公式を使うとき，最高点までしか使えないように思う人が多くいますが，**落っこちる様子まですべて含まれている**ことがわかります。安心して使ってください。これで**落下運動を手中におさめましたね！**

❸ まとめ

教科書には自由落下，鉛直投げ下ろし，鉛直投げ上げの公式が何個もかかれていますが，**絵をかいて，「等加速度運動の公式(p.29)」に代入していけば，簡単に導ける**ことがわかりましたね。

くり返しますが，**公式はたくさん覚えないで，必要最低限なものを覚える**ようにしてください。だって，落下運動は等加速度運動のワクのなかに入っているのですからね！

Theme 1 等加速度運動

等加速度運動
自由落下　鉛直投げ下ろし
鉛直投げ上げ

それでは練習問題に挑戦してみましょう。

練習問題

(1) 高いところからボールを自由落下させた。速さが 19.6 m/s となるのは何秒後か。また、4.0 秒後には落とした場所から何m落ちているか。重力加速度は 9.8 m/s² とする。

(2) ボールを鉛直下向きに初速度 3.0 m/s で投げた。2.0 秒後のボールの速さと落下距離を求めなさい。重力加速度は 9.8 m/s² とする。

(3) ボールを鉛直上向きに初速度 14.7 m/s で投げた。ボールが手元に戻ってくるときの速さを求めなさい。重力加速度は 9.8 m/s² とする。

解答・解説

(1) 「等加速度運動の3ステップ解法(p.34)」を使って解きましょう。

ステップ1 絵をかいて、動く方向に軸をのばす

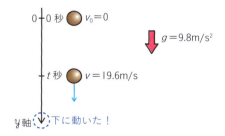

50　Chapter_1　力学

ステップ2　軸の方向を見て，速度・加速度に＋または－をつける

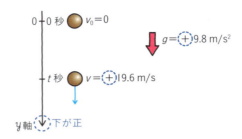

ステップ3　a, v_0 を「等加速度運動の公式」に入れて問題にあった式をつくる

$$\begin{cases} y = \dfrac{1}{2} at^2 + v_0 t = 4.9t^2 & \cdots\cdots ① \\[4pt] \phantom{y=\dfrac{1}{2}}\underset{9.8}{\uparrow}\underset{0}{\uparrow} \\[-2pt] v = at + v_0 = 9.8t & \cdots\cdots ② \\[-2pt] \underset{9.8}{\uparrow}\underset{0}{\uparrow} \end{cases}$$

　速さ v が 19.6 m/s となるのは何秒後かということで，そのときの時間を t' として②速度の式に代入します。

　　　　$v = 9.8t$
　　19.6 = 9.8t'
　　　　$t' =$ **2〔s〕**　　**答**　（※有効数字を考えると 2.0〔s〕）

　次に 4 秒後には何 m 落ちているのかということで，①位置の式の t に 4 を代入してみましょう。

　　　　$y = 4.9t^2 = 4.9 \times 4^2 =$ **78.4〔m〕**　　**答**

　　　　　　　　　　　　　　　（※有効数字を考えると $y = 78$〔m〕）

(2) 「等加速度運動の3ステップ解法(p.34)」を使って解きます。

ステップ1 絵をかいて，動く方向に軸をのばす

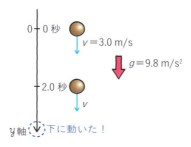

ステップ2 軸の方向を見て，速度・加速度に＋または－をつける

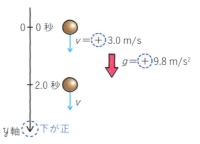

ステップ3 a, v_0 を「等加速度運動の公式」に入れて問題にあった式をつくる

$$\begin{cases} y = \dfrac{1}{2}at^2 + v_0 t = 4.9t^2 + 3t & \cdots\cdots ③ \\ \qquad\quad \underset{9.8}{\uparrow} \quad \underset{3.0}{\uparrow} \\ v = at + v_0 = 9.8t + 3 & \cdots\cdots ④ \\ \quad\; \underset{9.8}{\uparrow} \quad \underset{3.0}{\uparrow} \end{cases}$$

それでは③位置の式と④速度の式の，それぞれの時間 t に 2.0 秒を代入して計算すると，答えは次のようになります。

$y = 25.6$ [m], $v = 22.6$ [m/s] **答**

（※有効数字を考えると $y = 26$ [m], $v = 23$ [m/s]）

(3) 「等加速度運動の3ステップ解法(p.34)」を使って解いていきます。

ステップ1 絵をかいて,動く方向に軸をのばす

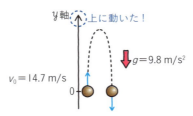

ステップ2 軸の方向を見て,速度・加速度に＋または－をつける

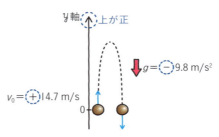

ステップ3 a, v_0 を「等加速度運動の公式」に入れて問題にあった式をつくる

$$\begin{cases} y = \dfrac{1}{2}at^2 + v_0 t = -4.9t^2 + 14.7t & \cdots\cdots ⑤ \\ v = at + v_0 = -9.8t + 14.7 & \cdots\cdots ⑥ \end{cases}$$

（aの↑は-9.8,v_0の↑は14.7）

「手元に戻ってくる＝高さが0」ですから,yに0を代入します。

$0 = -4.9t^2 + 14.7t$　　$t = 0$(s), 3(s)

0秒は投げるときなのでちがいます。よって,3秒後にボールが手元に戻ってくることがわかります。ゆえに,このときの速度は,⑥速度の式のtに3を代入することで求められます。

$v = -9.8t + 14.7$
$ = -9.8 \times 3 + 14.7 = -29.4 + 14.7 = -14.7$

マイナスは「下向きに」という意味を示すので,速さは

14.7 m/s　　答　(※有効数字を考えると,15 m/s)

ここで注目してほしいことが1つあります。$t=0$のときは初速度で14.7 m/sでした。$t=3$で，高さ$y=0$に戻ってきたときの速さも14.7 m/sです。向きは逆ですが，速さは同じですね。p.48の**図1-35**でも，同じ高さのときは，向きは逆ですが速さが同じになっているのがわかります。つまり，**鉛直投げ上げでは，同じ高さにあるときは，速さが同じで向きが逆になる**のです。覚えておきましょう。

≫ 4. 等加速度運動：その他のキーワード
① 合成速度と相対速度

　駅などで動く歩道に乗ったことがありますか？　普通の地面の上を歩くとき，速さが1 m/sだとします。動く歩道の速さが0.5 m/sでその上を同じように歩くと，外から見ている人にとってはスピードが増して，1+0.5で1.5 m/sで動いているように見えるはずです。

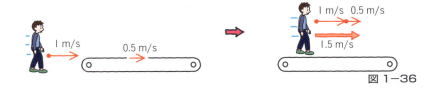

図1-36

　このように足し合わせた速度を**合成速度**といいます。
　また，高速道路を走る車に乗っているとします。自分の車の速度は80 km/h（時速80 km），となりの車が100 km/hで，自分の車を追い抜いたとします。このとき自分の乗っている車の中から，となりの車はどのような速度で動いているように見えるでしょうか。

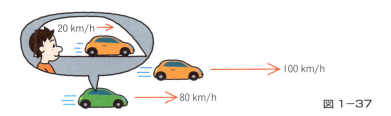

図1-37

となりの車は、ゆっくりと 20 km/h の速度で動いていくように見えるはずです。このように自分が動いているものに乗っていると、世界が違って見え、このときの自分を基準にした速度を**相対速度**といいます。

相対速度はベクトルを使って簡単に計算することができます。相対速度で役に立つ3ステップ解法を紹介しましょう。

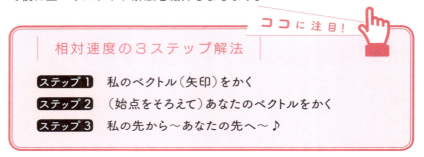

| **相対速度の3ステップ解法** |
| ステップ1　私のベクトル（矢印）をかく |
| ステップ2　（始点をそろえて）あなたのベクトルをかく |
| ステップ3　私の先から〜あなたの先へ〜♪ |

では、先ほどの例を「相対速度の3ステップ解法」で解いてみましょう。

ステップ1 私のベクトル（矢印）をかく

自分の車の速度は 80 km/h でした。

図 1-38

ステップ2 （始点をそろえて）あなたのベクトルをかく

相手の車の速度は 100 km/h で同じ方向でした。ベクトルの始点をそろえてかくのがポイントです。

図 1-39

ステップ3 私の先から〜あなたの先へ〜♪

私の矢印の先を始点、相手の矢印の先を終点としてベクトルを引きます。

図 1-40

この ステップ3 の矢印の指し示す向きと，その大きさが相対速度を示しています。　　　　　　　　　　**右向きに 20 km/h**　答

例題

あなたは，右向きに 80 km/h で走る車に乗っています。左向きに 100 km/h で走る車がこちらに向かってきたとき，その車はどのような速さで向かってくるように見えますか。

図 1-41

まずイメージをしてみましょう。相手の車がものすごい速さで通過するような気がしますよね。それでは解いてみましょう。

ステップ1　私のベクトル（矢印）をかく

図 1-42

ステップ2　（始点をそろえて）あなたのベクトルをかく

図 1-43

ステップ3　私の先から〜あなたの先へ〜♪

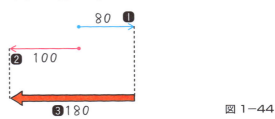

図 1-44

私のベクトルの先から相手の先に向かってベクトルを引きます。

180 km/h　答

❷ 単位と有効数字について

　物理の計算では，単に計算をして終わりではなく，単位を変えて計算したり（単位換算），有効な桁数を考えて数字を四捨五入すること（有効数字）など，ちょっと数学とは異なる注意点があります。これらのちょっとした約束事でつまずいていると，本質に近づけないため，ここまでの問題では約束事については考えてきませんでした。

　今回は**単位換算**についてと，**有効数字**のルールについて説明します。

（I）単位換算について

　私たちのまわりにはさまざまな量があります。同じ数字の1でも，それは1〔g〕かもしれませんし，1〔kg〕かもしれません。そこで**物理では基本として長さはメートル〔m〕を，質量はキログラム〔kg〕を，時間は秒〔s〕を使う**ことにしています。これらに単位を合わせて計算していきます。

　また，速さの単位はこれらの組み合わせとして m/s を使います。これを組立単位といいます。

100 km/h（時速 100 km）と 10 m/s（秒速 10 m）。どちらが速いの？

　その答えは，単位を変換することでわかりますのでやってみましょう。

　まず，単位を変えたいものを分数で表します。100 km/h の「／」は分数の線を表すので，100 km を分子に，1 h を分母にします。このように，**分母は必ず「1」**になるようにしてください。

　そして，この式の分子を○ m，分母を□ s として，計算していきます。

$$100 \text{ km/h} \implies \frac{100 \text{ km}}{1 \text{ h}} \implies \frac{\bigcirc \text{ m}}{\square \text{ s}}$$

　1 km は 1000 m なので，100 km＝100×1000＝100000 m となります。さらに 1 時間は 60 分，また 1 分は 60 秒なので，1 時間＝60×60＝3600 秒となります。それぞれを分子，分母にいれましょう。

$$\frac{100000 \text{ m}}{3600 \text{ s}} \fallingdotseq 27.8 \text{ [m/s]}$$

100 km/hは,約27.8 m/sとなり,10 m/sよりは速いことがわかります。

(2) 有効数字について

次に有効数字についてです。よく「問題文に,2ではなく2.0とかかれていたんですけど……」なんて質問を受けます。これは有効数字によります。何度か練習をして有効数字に慣れていきましょう。

有効数字は細かいルールが多くあり,複雑でとっても難しいルールです。しかし,物理基礎の問題を解くうえでは,次のことを覚えておけば,問題ありません。

「問題文に出てきた数字の桁数のもっとも小さいものに合わせる」

そしてその多くが2桁であるため,よくわからなかったら2桁にしておけば,合っていることが多いです。これは知っておくといいウラ技ですよ。

たしかに,重力加速度は9.8 m/s^{2}と2桁で表しますもんね!

その通りです。有効数字について学ぶ前に,まず10の累乗(るいじょう)を使った表現方法について見ていきます。地球から太陽までの距離をmで表すと……約1500億メートル。これを数で表すと

150000000000 [m]

このような大きな数を計算で使うときに,こんなにたくさん0がつく数字を扱うのは面倒だし,0の数を途中で間違えてしまうかもしれません。たとえば100なら10の累乗を使うと,10^2となります。1000なら10^3です。0の数と累乗の肩の数(指数)が同じになります。

そこで物理では10の累乗を使って,次のように表現します(有効数字2桁の場合)。

$$150000000000 = 1.5 \times 10^{11} \text{ [m]}$$

150000000000 は「0」が 10 個あり，また 15 から 1.5 までもっていくためにプラス 1 個，合計 11 個を肩にのせました。こうして**累乗表記で表すとスッキリと表現できます**よね。ちなみに元に戻すときには，次のように小数点にペンの先を合わせ，そこから，10 の累乗の数（指数）だけ，つまり 11 マス右にずらして，その間に 0 を入れていきます。

　また小さな桁数の場合，たとえば 0.00015 などは 1.5×10^{-4} と表します。これも 10 の累乗の数の数えかたは，次の図のようにペンの先を現在の小数点の位置に合わせ，そこからもっていきたい位置まで，何回ずらしたかを数えていきます。

　次に，有効数字の桁数の調べかたについてです。次の 3 つの数字の，有効数字の桁数を数えてみましょう。

ところが，有効数字は違うんです！ 有効数字は「2」では1桁，「2.0」では2桁，「2.00」では3桁になります。どれも「2」を表していることに変わりはありませんが，意味が違います。たとえば3台の精度の異なる電子体重計に2kgの物体をそれぞれのせたとき，「2」，「2.0」，「2.00」と表示されたら，どの体重計が正確そうだと思いますか？

なんとなく，「2.00」と表示した体重計のほうが，細かい桁数まで出るので正確そうだなと思いますよね。**これは単なる「2」と表示された場合，体重計の機械の内部で，四捨五入をしているので，実際は2.4999……かもしれないし，1.500……01かもしれません。つまりわからない幅が大きい**のです。対して，**「2.00」は2.00499……かもしれないし，1.99500……01かもしれないのですが，3桁目までは正確だとわかっている**といえます。

ですから，2.00という数字を使う場合には，この3桁目までをいかして計算する必要があります。これを有効な数字，有効数字といいます。

また次のような場合は，有効数字は何桁になるのでしょうか？

$$0.00185$$

左から桁数を数えると・・・6桁ですか？

いいえ，あたまの0から続く0は，位をとるためのゼロなので数えません。「1」からカウントして，3桁となります。この数えかたに慣れましょう。

例題

ある物体が 30.0 秒間で 5000.0 m 動いた。このときの速さを求めなさい。

普通に計算をすると，5000÷30＝166.666 m/s となります。ただし，もともと計算に使った数字は，30.0(有効数字 3 桁)と 5000.0(有効数字 5 桁)。30.0 は 3 桁目以降は不明です。この数字を使って計算したため，計算結果も 3 桁目までしか信用できません。

よって，計算結果の 4 桁目を四捨五入して，3 桁にして答えます。

$$166.6 \to 167 \ [m/s]$$

このように，有効数字の桁数が異なる数字を掛けたり割ったりする場合には，桁数が最も精度の悪いものに合わせて，四捨五入をします。

そして最後に累乗表記にします。

$$1.67 \times 10^2 \ [m/s]$$

（桁数が 3 桁×位合わせ）

このように有効数字 2 桁なら，○.○×10$^□$，3 桁なら，○.○○×10$^△$ として表記するのが物理のルールなのです。

Theme 2
運動方程式

>> 1. 運動方程式と力のつり合い
❶ 運動方程式って何だろう？

ねーねー，力って何？

　突然ですが，いい質問ですね〜。それでは，止まっているボールをちょっと押してみて，「力」を加えてみてください。静止していたボールは加速して，動き始めますよね。そして力を大きくすれば，その分**加速度**も大きくなる，というように**加速度 a は，加えた力 F に比例します**(A)。

　また重いボールと軽いボール，たとえば，ボーリングの球とサッカーボールを足で押すなどして，力を加えてボールを動かすことを想像してください。ボーリングの球のほうが加速しにくく，動きにくいことが想像できますね。このように**加速度 a は，物体の質量 m に反比例します**(B)。
　この(A)と(B)をまとめると，加速度は次のようになります。

$$a = \frac{F}{m} \qquad \left(加速度 = \frac{力}{質量}\right)$$

この式は，「**加速度 a は加えた力 F に比例して，物体の質量 m に反比例する**」ということを示しています。文字式でかくとシンプルに示せますね。この式を，次のように F について変形してみましょう。

運動方程式

$$ma = F \ [\text{N}]$$
（質量×加速度＝力）

Point!

　質量と加速度のかけ算，これが「力」なのです。この力と運動の関係を表した式を**運動方程式**といいます。大切なことなので強調をしますが，力とは加速度を発生させるもの，もっと思い切っていえば，

力とは加速度だ！

ということです。

　力の単位は **N（ニュートン）** を使います。1Nの力とはどのような大きさかというと，1kgの物体に1m/s^{2}の加速度を与える力です。

　少しわかりにくいですね。1Nをもっとわかりやすく想像してみましょう。p.77に出てくる「重力の公式」を使うと，1Nは100gの物体を手に乗せたときに手が押される感覚です。単一の乾電池(100g)を1個持ったときの重さの感じがほぼ1Nの感覚です。また牛乳パック(1L＝1000g)を持っているときの感覚はおよそ10Nです。

> なるほど〜。
> 身近なもので考えるとイメージしやすいですね。

　次に，試験にでる運動方程式の扱いかたについて，今度は物体に力を1つずつ加えながら見ていきましょう。運動方程式は，ここから奥が深くなっていきます。

(1) 力が1つだけの場合

　摩擦のない机の上に置いた質量2kgのボールを想像してください。このボールに糸をつけて，右方向に6Nの力で引いてみましょう。ボールはどのような運動をするのでしょうか。

図2-1

運動方程式($ma=F$)にそれぞれ$m=2$と$F=6$を代入してみましょう。

　この式を解くと，加速度aは$3\,\mathrm{m/s^2}$になります。動く方向は，力を加えた右方向ですよね。**加速度もベクトル量なので，どっち向きなのかも注意**しましょう。これが運動方程式のもっとも基本的な使いかたです。

(2) 複数の力がはたらいた場合

　次に2人の人に登場してもらいます。
　先ほどのボールに糸をつけて左側に8N，右側に3Nの力で，いっせーのせ！ で同時に引っ張ったとしましょう。綱引き状態です。
　さて，ボールはどちらにどんな加速度で動くのでしょうか？

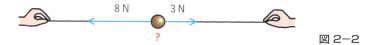

図2-2

　たぶんこの場合，左向きの力が右向きよりも大きいので，左に動くことはなんとなくわかりますね。では，加速度の大きさです。さてどうしましょう!?　力が2つあります。どちらの力を運動方程式に代入すればいいのでしょうか？

このように**複数の力がはたらいているときには，力を1つにまとめてから，運動方程式 $ma=F$ に代入していきます**。つまり，運動方程式の右辺は「最終的に残った力」を代入するのです。今回の場合だと，左側に残る力は 8－3＝5 N であることがわかりますね。

図2-3

これを運動方程式に代入します。

$$ma = 残った力$$
$$\uparrow \qquad \uparrow$$
$$2 \qquad 8-3$$

この数式を計算すると，加速度は左向きに 2.5 m/s² となります。今回は，2つの力が同時にはたらいた場合を例にあげましたが，3つ，4つと複数の力が物体にはたらいている場合も同じです。

力を1つにまとめて，運動方程式の右辺には残った力を代入していきましょう。 これが運動方程式の使いかたです。

練習問題

(1) 次の台車の質量を求めなさい。

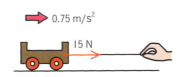

(2) 次の台車の加速度の大きさを求めなさい。

(3) 質量 0.5 kg で重力が 5 N のペットボトルがあります。このペットボトルに糸をつけて，図のように鉛直上向きにある力 F で引っ張り上げました。上向きに 4 m/s² の加速度で加速していたとき，糸がペットボトルを引っ張る力 F を求めなさい。

> 注 重力については p.71 以降で説明しますので，ここでは「下向きに 5 N の力がある」と考えて問題を解きましょう。

解答・解説

(1) 「運動方程式(p.62)」に代入しましょう。

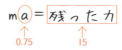

$0.75m = 15$

$m = $ **20 kg** 答

(2) 力が 2 つはたらいているので，足し合わせて残った力を求めます。左に 6 N 残ることがわかりますね(10−4=6)。これを「運動方程式」に代入します。

$$ma = 残った力$$
↑ ↑
4.0 10−4.0

$4a = 6$

$a = $ **1.5 m/s²** 答

(3) 必ずノートに絵をかきながら考えていきましょう。

上向きの力については、よくわからないので「F」と文字でおいておきます（問題にもそのように誘導がついています）。この問題で読み解くべきポイントは「上向きに加速しているという事実」です。**上向きに加速しているということは、「上向きに力が残っている」**ということ。

だから残った力は、F から5を引けばいいんです。

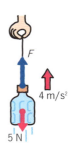

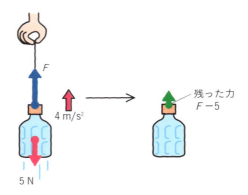

この残った力をもとに、運動方程式を作ると

$$m \cdot a = 残った力$$
$$\uparrow \quad \uparrow \quad \quad \uparrow$$
$$0.5 \quad 4 \quad \quad F-5$$

$0.5 \times 4 = F - 5$

$F = 7$ 〔N〕　**答**

絵をかいて解けば、カンタンでしたね。

絵はニガテなんですよ〜。

そういう人は多くいます。**でも物理は，まず絵をかくことが，数式を使って解けることよりも大切です。**この本では，見栄えのよさを整えるためにきれいにかき直されていますが，ボクが解くときにかいた絵は，次の図の右のように非常に適当です。絵のうまさは関係ありません！

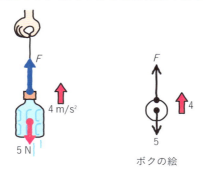

❷ 力がつり合う条件とは？

日常生活では物体に力がはたらいているのに，その物体が加速していないこともあります。たとえば，次のように引っ張り合っている場合です。

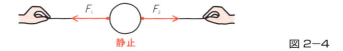

図2-4

でも，運動方程式によれば，力がはたらいていれば，物体は加速するはずでした。いったいこれは，どのように考えればよいのでしょうか？

カギは運動方程式にあります！

物体が静止しているときは加速度 a が 0 になっています。よって，運動方程式を考えると

$$m\underset{\uparrow 0}{\textcircled{a}} = 残った力$$

となり，「0＝残った力」。これは「**力は残らない**」ということを示しています。つまり，力 F_1 と F_2 を合成すると，0 になるので，同じ大きさであることがわかります。

$$F_1 = F_2$$
（⊖左向きの力＝右向きの力⊖）

たとえば，F_1 が 2 N で物体が止まっているとき，F_2 は 2 N ということになります。

図 2-5

これを**力のつり合い**といいます。

> **力のつり合い** Point!
>
> ⇧上向きの力　＝　下向きの力⇩
> ⊖左向きの力　＝　右向きの力⊖

ここで少し混乱させてしまうかもしれませんが，**実は動いているときでも力がつり合っている（力が残らない）場合があります。**

力がつり合っているということは，力が残らない。
つまり物体が加速しない。
加速していないのに動いている場合…
あ！　同じ速度で動き続けている場合？！

その通り！　氷の上でストーン（石）を滑らせる，カーリングを見たことはありますか？　あのストーンは手をはなすまでは加速をしますが，一度手をはなれると，ほぼ等速で動いていきます。この等速で動いているとき，手がはなれていますから，前進させるような力ははたらいていません。

つまり，**力ははたらいていないのに，動き続けています。**

図2-6

　このように物体に力が残らない，またははたらかない場合，物体は今ある運動状態，たとえば，静止していれば静止を，2 m/sで動いているなら2 m/sを，10 m/sで動いているなら10 m/sを保とうとします。このような性質を**慣性**(かんせい)といいます。

　この慣性を利用した遊びがあります。それが「だるま落とし」や「テーブルクロス引き」です。どちらもはじめに止まっていた物体が，止まり続けようとする慣性を利用した遊びです。

図2-7

　物体が慣性という性質をもつことをまとめた法則を，**慣性の法則**といいます。ニュートンさんは，この慣性の法則を運動の第1法則とし，運動方程式のことを運動の第2法則としました。

慣性の法則や運動方程式を，ニュートンさんが整理したんですか。だから，力の単位をニュートン(N)とよぶんですね！

❸ 力のつり合いを利用する！

　力のつり合いについてサッと説明をしましたが，試験ではどのように出題されるのでしょうか？

　床の上に立っている自分をイメージしてみましょう。床の上で直立していると，足が痛くなってきます。これは足が床から押されているためで

図2-8

す。自分にはたらく力を書いてみると，「自分の**重力**」と「床が自分を押す力（**垂直抗力**）」の2つになります。

　この人は動いていないので，力のつり合いから，この人の重力を500 Nとすると，垂直抗力は，500 Nになっていなければいけません。このように，1つの力がわかれば，力のつり合いを利用することにより

ほかの力を逆算することができます！

これが試験でよく出るのです！

　それでは力のつり合いを使って，物体にはたらく力とその大きさを求めてみましょう。

例題

　質量50 kgの物体の上部に糸をつけて，上向きに200 Nの力で引っ張っています。この物体にはたらく力をすべて図の中にかき，その力の大きさも記入しなさい。ただし，重力加速度は10 m/s^{2}とします。

図2-9

　この問題を解くためには，力をすべて自力で見つける必要があります。でも，力をすべて見つけるのが，実は難しいんです。そこで，力の見つけかたについて，**ほかの参考書では教えてくれない**，コツを伝授しましょう！

・**力の見つけかたの3ステップ**

　力を見つけるためには，力の種類を知っておくことが大切です。力は大きく分類すると，「**触れないではたらく不思議な力**」と「**触れてはたらく力**」の2種類に分類することができます。

　たとえば，消しゴムを持ち上げて手をはなしてみてください。消しゴムは勝手に落ちていきます。これは重力という力が，消しゴムを下へと引っ張っているためです。

　重力は私たちのイメージからは考えにくいのですが，物体に触れなくてもはたらく不思議な力です。このほかにも，電気の力や磁石の力もありますが，ご安心を！　力学の場合，重力以外には不思議な力は出てきません。

　次に「触れてはたらく力」です。たとえば，目の前にある消しゴムを動かしたいとき，私たちは消しゴムに触れますよね。このように力をおよぼすためには，ふつうその物体に触れなければいけません。

　このことから力を見つけるときには，
(1)　遠くからはたらく不思議な力「重力」をかき込みます。
(2)　そのあとに「触れている力」を探してかき込みます。
　この順番で探していけばいいのです。
　たとえば，次の図のように，ヒモでつるした物体にはたらく力を見つけてみます。

図2-10

(1) まずは重力をかき込みます。

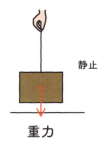

図2-11

(2) 次に物体と触れているところを探します。
　ここで間違った例を紹介します。よく，次の図のようにかき込んでしまう人がいます。

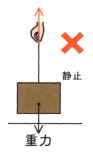

図2-12

　このような力もあるにはあるんですが，これは間違い！
　今かこうとしているのは，「物体にはたらく力」です。**物体に触れている場所を探していきましょう。**

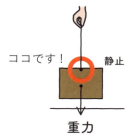

図2-13

Theme 2　運動方程式　73

物体は糸と触れているから，ここから力の矢印を
かけばいい…
ん？　でも待てよ…上向き？　下向き？
あれ，どっちに引けばいいんだろう？

　風船を例に考えましょう。**風船を少し膨らませて，マジックで顔をかき，この風船の気持ちになってください。**風船のほっぺを右側に引っ張ると，どうなりますか？　ほっぺは右側に伸びますね。

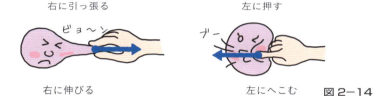

図2-14

　次に，ほっぺを左に強く押すとどうなりますか？　そう，ほっぺは左にへこみます。つまり風船のようにやわらかい物体では，

伸びたりへこんだりする方向が力を受ける方向

と対応しています。
　これを利用してみましょう。例題の物体がやわらかいものだと思って，想像をしてみてください。顔をかいて…，ぶら下げると

図2-15

　このように上に伸びますよね！　このことから，糸からはたらく力は上向きだということがわかります。

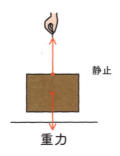

図2-16

これで力をすべて見つけることができました。

まとめると，**力は次の3ステップで見つけていけば，必ず見つけられます。**

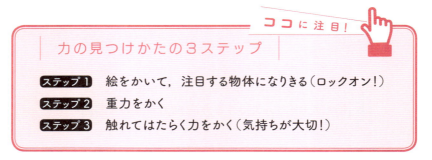

それでは，p.70 の例題に戻ってみましょう。3ステップで力を見つけていきます。

ステップ1　絵をかいて，注目する物体になりきる

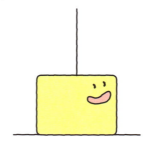

図2-17

あなたはこの物体です。

ステップ2 重力をかく

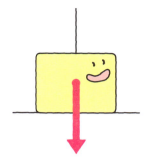

図2-18

ステップ3 触れてはたらく力をかく

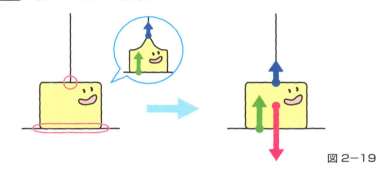

図2-19

物体に触れているところを確認すると,「床面」と「頭の糸」ですね。
　想像してください。あなたは廊下に立たされていて,さらに頭を引っ張られています。足は床から上向きに押されて痛い。この力を,垂直抗力 N といいました(p.70)。また,頭は上に伸びる,つまり上向きに引っ張られます。この,糸が引く力を**張力** T といいます。
　力の矢印がかけたところで,力のつり合いを考えながら,それぞれの力がどのような大きさなのかを見ていきましょう。まず重力 W の大きさを,「重力の公式(重力＝質量×重力加速度)」にあてはめて,計算しておきましょう。この公式の成り立ちについては,次ページで紹介します。今のところ,このように計算できるという程度でいいです。

$$W = mg = 50 \times 10 = 500 \text{ [N]}$$

また，問題文から張力 T が 200 N であることがわかります。残った垂直抗力 N の大きさは，直接的にはわかりません。

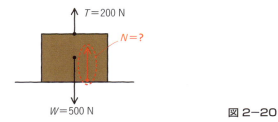

図 2-20

でも，この物体は静止をしているので，力がつり合っているはずです。力のつり合いから N を求めましょう。

　　　①の力＝②の力

　　200＋N＝500

　　　　N＝300〔N〕

よって，以下の図が例題の答えとなります。

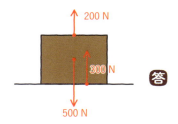

❹ 力の種類

ここで，物理基礎の力学に登場する力について，ざっとまとめておきます。これらの力を押さえておけば，力を見つけるときに参考になるでしょう。

1　遠くからはたらく力　**重力**

まずは，触れなくてもはたらく不思議な力，**重力**についてです。p.43 で勉強しましたが，地球上では，すべての物体は**重力加速度** g という加速度で落下していきます。たとえば，質量 m のものを加速度 g で動かすためには，どのような大きさの力が必要でしょうか？

「運動方程式(p.62)」にあてはめてみると

mg の大きさの力が必要なことがわかります。

これが重力の大きさです。重力は W を使って表します。

> **Point!**
>
> | 重力の公式 |
>
> $$W = mg \ [\text{N}]$$
> （重力〈重さ〉＝質量×重力加速度）

この公式は必ず覚えましょう。

重力加速度 g の大きさは $9.8\,\text{m/s}^2$ で、問題文で与えられることが多いですが、覚えておきましょう。たとえば、質量1kgの物体にはたらく重力 W（重さ）は1×9.8で、9.8Nです。単一の乾電池のような質量0.1kg（100g）の物体なら、重力は0.98N（およそ1N）です。また1Lの牛乳パックの質量は1kgなので、9.8N（およそ10N）となります。

物理では「重さ」という言葉は、重力 W のことを示し、質量 m と使い分けています。 たとえば月では、重力加速度が地球の6分の1の大きさになります。このため重さが軽くなります。質量はどこにいっても変わらない物体が持つ値です。

$$W \quad = \quad m \quad\quad g$$

重力(重さ)　　質量　　　　重力加速度
　　　　　　　↑　　　　　　↑
　　　　　　変化しない　　場所によって変化

重力と質量の違いがわかりましたか？ 混乱しないよう気をつけましょう。次に、触れてはたらく力について見ていきましょう。

2　触れてはたらく力

○　垂直抗力 N

垂直抗力はすでに学習しましたね(p.70)。**床が物体を押す力**でした。注意点は垂直抗力を示す記号が N というところです。これは力の単位 N(ニュートン)とは違い、「垂直抗力 N〔N〕」のように使います。

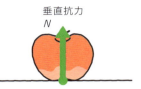

図 2-21

○　張力 T

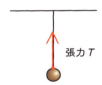

図 2-22

糸が物体を引く力です。記号は T を使います。張力 T〔N〕などと使います。

○　ばねの力（弾性力）

ばねに何も力を加えていないときの、ばねの長さを**自然の長さ（自然長）**といいます。ばねを引っ張ると、ばねは引っ張り返してきます。逆にばねを押し込むと、ばねは押し返してきます。これは、ばねが自然の長さに戻ろうとするためです。このとき、ばねの力は次の式で表されます。

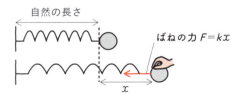

図 2-23

> **Point!**
>
> | ばねの力の式 |
>
> $F = kx$ 〔N〕
> (ばねの力＝ばね定数×ばねの伸び〈または縮み〉)

　k は**ばね定数**といい，太いばね，細いばねなど，ばねの種類によって異なります。x は**ばねの伸び（または縮み）**を示します。ばねの力は弾性力ともいいます。

○　摩擦力 f

　机などの重い物体を引きずって動かそうとすると，大きな力が必要になりますよね。これは，机と床の間に摩擦力がはたらき，物体の運動を妨げようとするためです。摩擦力はこのように

物体の運動を止めようとする方向

にはたらきます。

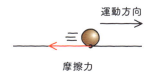

図2-24

　摩擦力はそのほかにも注意点があるので，くわしい性質については，あとで説明します。

> 重力，垂直抗力，張力，ばねの力，摩擦力の5種類ですね。ほかにも覚えておいたほうがいい力はありますか？

　ほかにも，浮力や空気抵抗力などがありますが，主な力は以上です。では，力のつり合いの問題に挑戦してみましょう！

練習問題

次の物体にはたらく力をすべて図の中にかき，その力の大きさも記入しなさい。ただし，(3)以外の物体は静止しているものとします。また，重力加速度 g は $10 \, \text{m/s}^2$ とします。

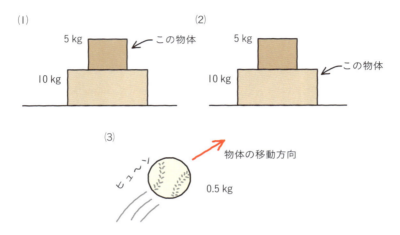

(1) 図の上の物体にはたらく力
(2) 図の下の物体にはたらく力
(3) 空を飛んでいる質量 0.5 kg のボールにはたらく力

解答・解説

(1) まず「力の見つけかたの3ステップ(p.74)」で，力をすべて見つけます。

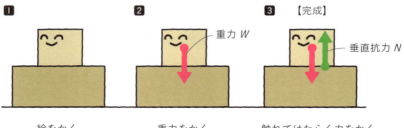

物体にはたらく重力を計算すると $W=mg$ より，$5 \times 10 = 50\,\text{N}$ であることがわかります。垂直抗力は力のつり合いから

　　↑の力＝↓の力

　　$N = 50$

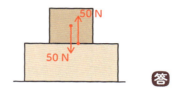

(2) まず「力の見つけかたの 3 ステップ (p.74)」で，力をすべて見つけます。

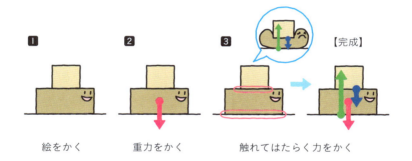

　床の上に寝転がって，おなかの上に重い物をのせてみてください。どのように感じますか？　おなかは物体と床にサンドイッチ状態になっています。そのため垂直抗力（床が下の物体を押す力）と，上の物体が下の物体を押す力の，2 本の矢印ではさみ込むように力を伸ばします。

　　上の物体からはたらく力（青い矢印）は
　　接している場所から下へ伸ばすんですね。

その通りです。よくある間違いのパターンを，次にあげます。

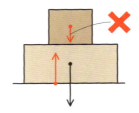

重力以外の**力は，必ず触れているものから受けます**。上の物体から受ける力は，あくまでも触れている部分からとなります。

それでは，1つずつ力の大きさについて見ていきましょう。

まず，物体にはたらく重力は，$W=mg$ より，$10×10=100$ N です。次に上の物体から押される力は，上の物体の重力と同じ 50 N です。最後に垂直抗力です。力のつり合いから求めましょう。

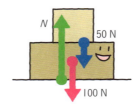

↑の力＝↓の力

$N=100+50$

よって，垂直抗力 N は 150 N であるということがわかります。

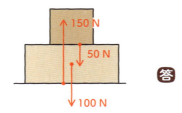

(3) まず「力の見つけかたの 3 ステップ(p.74)」で，力を見つけましょう。

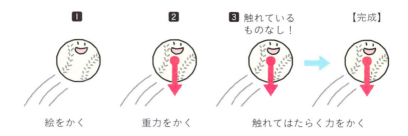

え！　重力だけ!?　ほかにもあるんじゃないの？

　そう思いますよね。しかし，力は重力だけです！　よく間違えるパターンは次のようなものです。

　右上に進んでいるから右上に力を引きたくなりますが，力は重力か，触れているものかのどちらかです。触れているものはありませんから，重力以外の力ははたらきません。重力を計算すると
　　$W = mg = 0.5 \times 10 = 5$〔N〕
となります。

　この問題の場合，力は重力のみなので，物体にはたらく力はつり合っていません。物体は下向きに加速度 g の等加速度運動をしています。

❺ 力のつり合い？ 運動方程式？ どっちを使うのか！

実際の試験問題では，「$ma=$残った力」で解くのか，「力のつり合い」**で解くのか，は自分で判断をします**。そのような問題には，落ち着いて次の3ステップ解法で対応していきましょう。

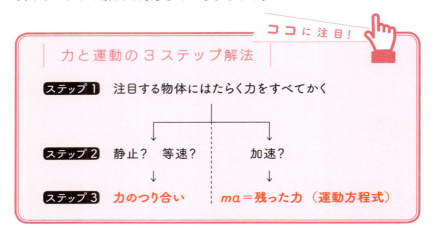

この手順をしっかりと頭にたたき込みましょう。

難しく見える問題でも，この3ステップにあてはめるだけでいいならラクですね！

それでは，「力と運動の3ステップ解法」を使ってみましょう。

練習問題

重力加速度を 9.8 m/s^2 とするとき，次の(1)(2)に答えなさい。
(1) 質量が 0.50 kg の物体に糸をつけて，鉛直上向きに 6.0 N の力で引っ張ると，この物体は加速し始めました。このときの加速度 a の大きさを求めなさい。
(2) 重さ 2.0 N の物体に糸をつけ，天井からつるしました。このときの糸の張力 T の大きさを求めなさい。

Theme 2　運動方程式　85

解答・解説

(1) 「力と運動の3ステップ解法」を使いましょう。

ステップ1　注目する物体にはたらく力をすべてかく

「力の見つけかたの3ステップ(p.74)」で、力を見つけましょう。

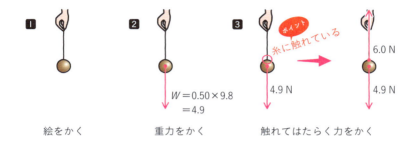

ステップ2　静止？　等速？　なのか　加速？　なのか！

問題文を読むと、今回は「加速していること」がわかります。

ステップ3　加速しているので「運動方程式 $ma=$ 残った力(p.62)」を使う

ステップ1で調べた力を合成すると、残った力は上向きに 1.1 N (6.0−4.9 =1.1)ですね。つまり、物体は上に加速しているとわかります。

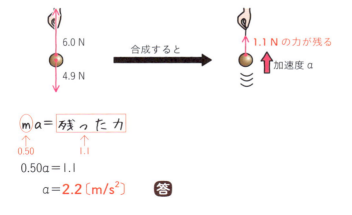

$0.50a = 1.1$

$a = \mathbf{2.2}\,[\mathrm{m/s^2}]$　**答**

(2) 「力と運動の3ステップ解法(p.84)」を使いましょう。

ステップ1 注目する物体にはたらく力をすべてかく

「力の見つけかたの3ステップ(p.74)」で、力を見つけましょう。

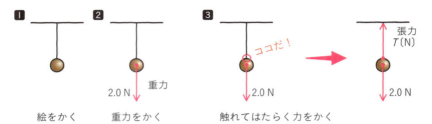

質量に 9.8 をかけると重さになりますが、今回は「重さが 2.0 N」とかかれているので、そのまま使います。

ステップ2 静止？ 等速？ なのか 加速？ なのか！

問題文を読むと、物体は「静止」していることがわかりますね。

ステップ3 静止しているので「力のつり合い(p.68)」を使う

上下の力が同じなので、張力も 2.0 N となります。

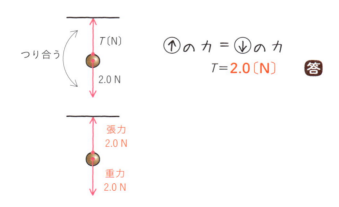

$T = 2.0 \text{ (N)}$ 答

このように、「力と運動の3ステップ解法(p.84)」を使って、落ち着いて問題を解いていきましょう。

≫ 2. 様々な力と運動方程式

　運動方程式と，力のつり合いの使いかたについて学んできました。これらの応用パターンとして，次の3つを見ていきましょう。

- ❶ 斜面上の運動
- ❷ 物体が複数ある運動（p.102）
- ❸ 摩擦力（p.112）

　これらは「**力と運動の3ステップ解法**(p.84)」がわかっていれば，ちょっとしたポイントに注意するだけで解くことができます。それでは，はじめに斜面上の運動について見ていきましょう。

❶ 斜面上の運動

　冬にスキーやスノーボードに行くと，「上級コース」や「初心者コース」など，コースが分かれています。さて，「上級コース」と「初心者コース」の違いはなんでしょう？　それは，斜面の傾きです！　傾きが大きいと加速度が大きくなり，難易度も上がるのです。では，斜面がいくら傾いていると，どの程度の加速度になるのでしょうか？

う〜ん，言葉で考えると，どうなるのかよくわからないな〜。

　ここでも，**絵をかいてみることが重要です**。図2-25のように，斜面のモデルをつくり，考えてみましょう。「力の見つけかたの3ステップ (p.74)」にそって，この物体（スキーでいえば人）にはたらく力を見つけてみると，次のようになります。

- ❶ 絵をかく
- ❷ 重力をかく
- ❸ 触れている力をかく

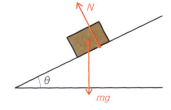

図2-25

あれ？　斜面方向に力がないですよ！

　斜面の方向に加速するということは，運動方程式 $ma=F$ によれば斜面の方向に力が存在しなければいけません。**一見，見当たりませんが，実は斜面方向の力は「ある！」**のです。どこにあるのでしょうか？
　これを理解するために，力の分解について見ていきましょう。速度や，加速度など**矢印で表されるもの（これをベクトル量といいましたね）は，足し合わせたり，分解したりすることができます**。図2-26のように，質量1kgの台車を5Nの力で右向きに引っ張ったとき，もちろん台車は右向きに動きます。

図2-26

運動方程式で計算すれば
　　$ma=F$
　　$1 \times a = 5$
加速度 a は 5 m/s^2 ですね。
　次に，この台車を水平面から30°上向きに，5Nの力で引っ張った場合を想像してみましょう。この場合も，台車は**右向きに動く**ような気がしませんか？

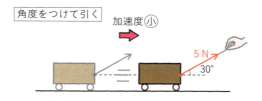

図2-27

このとき，物体を右上に引っ張る力を分解することによって，右向きに加速する理由が見えてきます。それでは，力を分解する方法についてまとめますね。

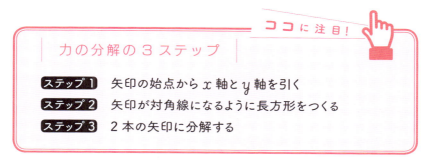

ステップ1 矢印の始点からx軸とy軸を引く

台車が右方向に加速をはじめたということは，**運動方程式でいえば，力が右に残っているはず**です。ですから，右方向にx軸を，直交するようにy軸をのばします。

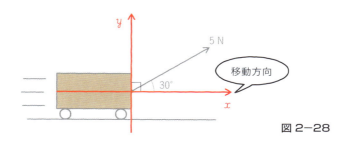

図2-28

ステップ2 矢印が対角線になるように長方形をつくる

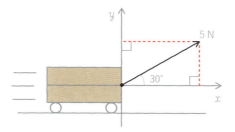

図2-29

ステップ3 2本の矢印に分解する

交点に向かって「2つの新しい力」をかきます。

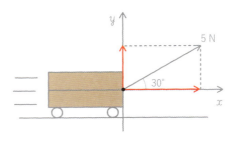

図 2-30

これで分解が終わりました。この「右向きの力」+「上向きの力」が,「斜め右上の力」になっているのです。では,それぞれの力の大きさを求めてみましょう。

ここで,数学で学ぶ<u>三角比</u>を使います。忘れてしまった人や,まだ習っていない人のために,三角比の基本を説明しておきましょう。次の図のように斜辺から「筆記体のs(s)」や「c」を書くと,sin や cos の辺の場所がわかります。

この図からコサインの定義式より

$$\cos\theta = \frac{b}{a}$$

となり,この式を b について解くと

$$b = a\cos\theta$$

となります。

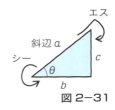

図 2-31

同様に c はサインの定義式より

$$\sin\theta = \frac{c}{a}$$

$$c = a\sin\theta$$

となります。このように,**もし斜辺の長さ a と角度 θ がわかっていれば,直角三角形のその他の辺の長さは次のように,サイン・コサインを使って表すことができます。**

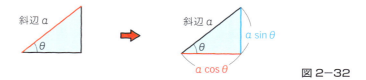

斜辺と θ でつながった辺が「コサイン」，θ の対辺が「サイン」と**覚える**ことをおすすめします。

　また，代表的な角度と sin，cos の値は絶対に覚えておきましょう。覚えておかないと問題が解けませんからね。

θ	0°	30°	45°	60°	90°
$\sin\theta$	0	$\dfrac{1}{2}$	$\dfrac{1}{\sqrt{2}}$	$\dfrac{\sqrt{3}}{2}$	1
$\cos\theta$	1	$\dfrac{\sqrt{3}}{2}$	$\dfrac{1}{\sqrt{2}}$	$\dfrac{1}{2}$	0

　また，$\sqrt{2}$ と $\sqrt{3}$ のおおよその値は覚えておくとよいでしょう。

$$\sqrt{2} \fallingdotseq 1.41 \text{（ひとよひと）}$$
$$\sqrt{3} \fallingdotseq 1.73 \text{（ひとなみ）}$$

　それでは本題に戻り，分解した矢印の大きさを求めてみましょう。

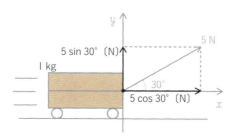

図 2-33

　斜辺（長さ 5 N）に θ（30°）がくっついているほうの x 軸の力の成分が cos になります。つまり 5 cos 30°〔N〕という長さです。y 軸の力は，θ の対辺と同じ長さなので 5 sin 30°〔N〕となります。

分解後の力を見ると，台車には右方向への力 5 cos 30°〔N〕がはたらくために，右方向へ加速運動をすることがわかります。加速度を求めると

$ma=$ 残った力
↑　　　↑
1　　5 cos 30°

$$1 \times a = 5 \times \frac{\sqrt{3}}{2}$$

$$a = 5 \times 1.73 \div 2$$

$$= 4.325 \text{〔m/s}^2\text{〕}$$

となり，右方向に直接 5 N の力で引っ張った場合の 5 m/s² よりも，加速度は小さくなってしまいました。y 軸方向（上方向）に力が分散されてしまったからです。

それでは，y 軸方向の 5 sin 30°〔N〕は何をやっているのかというと，**この力は，垂直抗力 N と合わさって，重力 mg とつり合っているのです。**

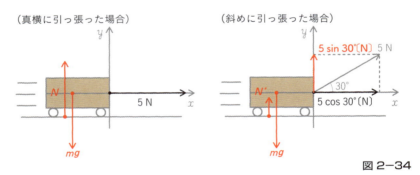

図 2-34

図 2-34 の左の図は，真横に引っ張った場合です。このとき上方向の力と下方向の力のつり合いは

　　↑ = ↓

　　$N = mg$

それに対して，右の図の斜めに引っ張った場合では

　　↑ = ↓

　　$N' + 5 \sin 30° = mg$

となります。このとき，物体の重力 mg は変わらないので，$N' < N$ となります。上向きの 5 sin 30°〔N〕は垂直抗力を助けていたのですね。

それでは，斜面上の物体のお話(p.87)に戻ります。斜面方向の力を見つけるために，力を分解してみましょう。

力の分解か。よーし，まず軸をつくって…

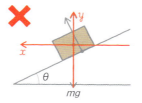

図 2-35

おっと！　上の図のように軸をのばすのは間違いです！　**力の分解は，やみくもに行うのではなく，なぜ分解をするのかを考えながら行わなければ意味がありません。**

斜面においた物体は，斜面の面上をすべり落ちていくはずです。この斜面方向の力を見つけたい！　これが目的です。ですから，軸は斜面と平行方向に x 軸をのばします。そして，直交するように y 軸をつけ加えましょう。

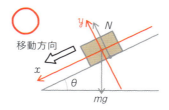

図 2-36

垂直抗力 N は，y 軸の方向を向いているので分解しません。2 つの軸に対して斜めになっているのは重力 mg です。重力を分解していきますよ。

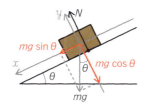
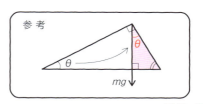

図 2-37

θの場所に気をつけてください。**図2-37**の「参考」を見てみましょう。このθの移動は，全体の大きい直角三角形と，ピンクの小さい直角三角形の相似から，角度をもってきています。

なるほど〜。相似な三角形では，対応する角の大きさが等しいんでしたね！

斜面垂直方向の力の大きさは $mg\cos\theta$，斜面方向の力の大きさは $mg\sin\theta$ となります。分解後のようすを，次の図を使って，もう一度見てみましょう。ここで，鉛直下向きの重力は2つに分解したのでもう必要ありません。わかりやすくするために消しています。

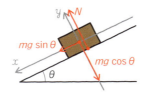

図2-38

まず，y 軸方向について見ていきます。

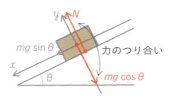

図2-39

物体は x 軸方向の斜面の上をすべっていきますが，斜面上をふわっと浮いたり，斜面を壊して沈み込んだりしていません。つまり **y 軸方向には物体は動いていません**。よって，このときつくるのは「**力のつり合い」の式**です。

①の力＝⬇の力
　↑　　　↑
　N　$mg\cos\theta$

$N = mg\cos\theta$ ……①

次に x 軸の方向に注目です！　**$mg\sin\theta$ という力が残っている**ことがわかります。**この力が残っているので，物体は加速しています。**

力が残っている場合は，
運動方程式を使うんでしたっけ？

その通りです！　力が残っている，つまり加速する場合には，運動方程式を使うんでしたね。

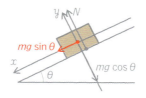

図2-40

これを加速度 a について解くと

　　$a = g\sin\theta$ ……②

となります。加速度と斜面の角度の関係について求めることができました！　でも，この記号だらけの「①垂直抗力の式」や「②加速度の式」は何を示しているのでしょうか。見てみましょう。

$\sin\theta$ のグラフの形を知っていますか？　$\sin\theta$ は θ が0°～90°の間では，θ が増えるほど，$\sin\theta$ も大きくなります。これを，$\sin\theta$ は θ の増加にともなって単調に増加する，といいます。

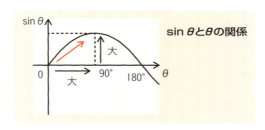

図2-41

このことから②加速度の式の $a = g\sin\theta$ は，**斜面の傾き θ が大きいほど，$\sin\theta$ の値が大きくなります。結果として加速度 a が大きくなっていきます。** スキーの秘密がわかってきましたね。急な斜面を滑るときほど，加速度が大きいことを示しています。

このことは絵をかいて，力を分解してみてもわかります。

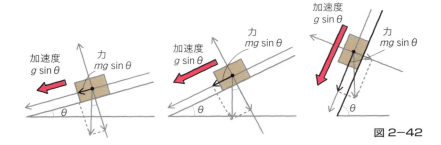

図2-42

傾きが大きくなっていくにつれて，分解後の重力の斜面方向の成分が長くなっていますね。次に極端な例で考えてみましょう。角度が0°の面（水平な傾きのない面）の上に物体を置いた場合について，①・②式で垂直抗力と加速度を見てみましょう。

$N = mg\cos 0° = mg$ ……①′

$a = g \times \sin 0° = 0$ ……②′

このことは，次の図のようすを示しています。

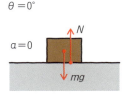

図2-43

②′より，物体は加速しないことがわかります（面の方向に力が分解されないためです）。また，①′は $N = mg$。つまり，垂直抗力と重力が単につり合っていることが示されました。

極端な場合を考えることで，式が合っているか間違っているかもわかるんだね。

そう！　その通りです。次に，斜面を 90°にしてみると
　　$N = mg\cos 90° = 0$　……①″
　　$a = g \times \sin 90° = g$　……②″
このことは**図2-44**のようすを示しています。

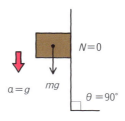

図2-44

②″より，加速度 a は g になりました。これは斜面を滑ることなく，物体がただ落ちていくことを示しています。また①″より，垂直抗力 N は 0 です。これは面が物体を支えていないことを示しています。現実と合っていますよね。

このように，文字式を使うと，あとからいろいろな数字を入れて検討することができるという，大きな利点があります。数字じゃないとイメージできない！　と思うかもしれませんが，慣れれば文字のほうがラクになりますよ。

それでは練習問題に取り組んでみましょう。

練習問題

(1) 次の①，②に示された，2つの力を合成しなさい。ただし，$\sqrt{2}=1.4$ とし，有効数字は2桁とします。

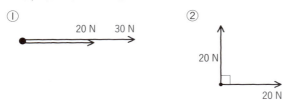

(2) 次の力を，x 軸方向と y 軸方向に分解し，それぞれの方向の力の大きさを答えなさい。ただし，x 軸と y 軸は直交しており，$\sqrt{3}=1.73$ とします。また，有効数字は2桁とします。

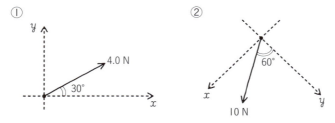

(3) 質量 4.0 kg の物体を，①ではなめらかな面の上において引っ張りました。また，②ではなめらかな斜面の上に置きました。①，②の場合について，この物体にはたらく垂直抗力 N と物体のもつ加速度 a をそれぞれ求めなさい。ただし，重力加速度は 10 m/s^2 とし，$\sqrt{2}=1.41$，$\sqrt{3}=1.73$ とします。また，有効数字は2桁とします。

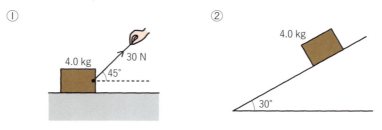

解答・解説

(1) ①

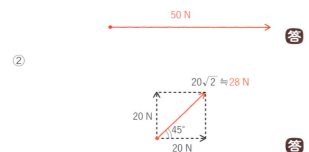

別の方向を向いた 2 つの力を合成する場合には，分解とは逆に 2 つの力が平行四辺形（②の場合は正方形）のそれぞれの辺になるように作図をして，対角線を引きます。力の大きさは，45°の直角三角形の比（1：1：$\sqrt{2}$）を利用しています。

(2) 「力の分解の 3 ステップ（p.89）」を使って解くと，次のようになります。
①

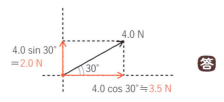

②

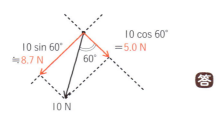

(3) ① 「力と運動の3ステップ解法(p.84)」を使って解いていきます。

ステップ1 注目する物体にはたらく力をすべてかく

張力はすでにかいてあるので、重力と垂直抗力をかき加えましょう。

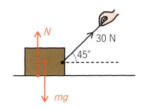

ステップ2・3 静止？等速？→力のつり合い，加速？→ $ma=$ 残った力

この物体は**水平方向に運動している**ので、水平に x 軸をのばし、直交するように y 軸をのばします。この軸に対して斜めの方向を向いている張力を「力の分解の3ステップ(p.89)」を使って分解してみましょう。

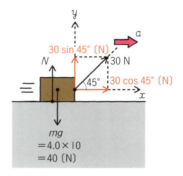

まず、縦方向(y 軸方向)の力を見てみます。物体は縦方向には加速しないので、力のつり合いの式をつくりましょう。

y 軸方向

　　　⬆上向きの力＝下向きの力⬇
　　　　　↑　　　　　　↑
　　　$N+30\sin 45°$　　40

$$N = 40 - 30 \times \frac{1}{\sqrt{2}}$$

$$= 40 - \frac{30}{1.41} \fallingdotseq \mathbf{19 (N)} \quad 答$$

次に，x 軸方向を見ると，1 つの力 $30 \cos 45°$ [N] しかありませんね。この力によって，物体は加速します。運動方程式をつくりましょう。

x 軸方向

$\underset{\underset{4.0}{\uparrow}}{ma} = \underset{\underset{30\cos 45°}{\uparrow}}{残った力}$

$4a = 30 \cos 45°$

$a = \dfrac{30}{4} \times \dfrac{1}{\sqrt{2}} = \dfrac{15}{2} \times \dfrac{1}{1.41} ≒ 5.3$ [m/s²] 答

② こちらも「力と運動の 3 ステップ解法(p.84)」を使います。

ステップ 1　注目する物体にはたらく力をすべてかく

重力は①と同じで 40 N です。重力以外には垂直抗力がありますね。

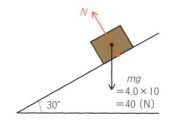

ステップ 2・3　静止？等速？→力のつり合い，加速？→ $ma =$ 残った力

この物体は斜面上を運動しているので，斜面に対して斜め方向を向いている重力を分解してみましょう。「力の分解の 3 ステップ(p.89)」を使って分解してみてください。

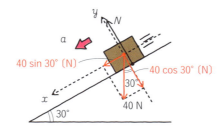

y 軸方向の力を見てみると，物体は加速していませんので，力のつり合いの式をつくりましょう。

y 軸方向

   ⓐ上向きの力　＝　下向きの力⟱
   　　　　↑　　　　　　　　↑
   　　　　N　　　　　40 cos 30°＝20$\sqrt{3}$〔N〕

   $N＝20\sqrt{3}$
   　＝20×1.73≒**35**〔**N**〕　🟤**答**

次に，x 軸方向を見ると，1つの力 40 sin 30°〔N〕しかないので加速します。よって，運動方程式をつくります。

x 軸方向

   $m a$　＝　残った力
   　↑　　　　　↑
   4.0　　40 sin 30°＝20〔N〕

   $4.0a＝20$
   　　$a＝$**5.0**〔**m/s²**〕　🟤**答**

❷ 物体が複数ある運動

今までは，1つの物体に力がはたらいた場合について考えてきましたが，2つ以上の物体が出てきたら，どのように対応すればよいのでしょうか。たとえば，次のような問題がよく出題されます。

例題

質量 m_1 の物体 P と，質量 m_2 の物体 Q を軽い糸で結び，さらに物体 P に糸をもう 1 つつけて，図のように力 F で引っ張り上げた。このときの物体 P・物体 Q の加速度を求めなさい。また P−Q 間をつなぐ糸の張力 T を求めなさい。

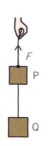

図 2−45

さて，このような問題が出たらどのように考えればよいのでしょうか。

物体が 2 つになると，力の矢印の数が多くなって，よくわからなくなりそうです…

実は，このような問題も，「**力と運動の 3 ステップ解法**(p.84)」を使えば簡単に解くことができます！

ステップ 1 注目する物体にはたらく力をすべてかく

物体 P・Q にはたらく力は，**別々に絵をかいて考えていくことがコツ**です！ 必ず図のように面倒でも 2 つの絵をかいてください。「力の見つけかたの 3 ステップ(p.74)」で探してくださいね。

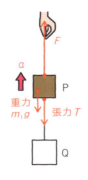 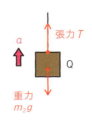

Pにはたらく力　　　　　Qにはたらく力　　図2-46

　2つの図の加速度の矢印に注目してください。物体Pも物体Qも，糸につけられて同じ方向に移動していくので，加速度の大きさは同じaという文字でおいてあります。次にP-Q間を結ぶ，糸の張力について見てください。この張力も同じ文字Tを使っていますが，今の段階では，**糸の両端にはたらく張力は同じ大きさになる！**ということを飲み込んでください。なぜ，こうなるのかについては，p.107から説明します。

ステップ2・3　静止？等速？→力のつり合い　加速？→ma＝残った力

　PもQも加速をしているので，運動方程式（ma＝残った力）をつくっていきましょう。PとQで別々につくるのがポイントです。

P について

$$ma = 残った力$$
　↑　　↑
　m_1　$F-m_1g-T$

$m_1a = F - m_1g - T$ ……①

Q について

$$ma = 残った力$$
　↑　　↑
　m_2　$T-m_2g$

$m_2a = T - m_2g$ ……②

2つの式ができました。①と②をよくみると，a と T が問題で問われているもので，それ以外の文字は問題文で与えられています。つまり①と②を連立させることによって，問題を解くことができます。

$$m_1 a = F - m_1 g - T \quad \cdots\cdots ①$$
$$m_2 a = T - m_2 g \quad \cdots\cdots ②$$

②を T について解きます。
$$T = m_2 a + m_2 g \quad \cdots\cdots ②'$$
これを①に代入します。
$$m_1 a = F - m_1 g - \underbrace{(m_2 a + m_2 g)}_{T}$$
加速度 a について解くと
$$m_1 a = F - m_1 g - m_2 a - m_2 g$$
$$(m_1 + m_2) a = F - (m_1 + m_2) g$$

$$a = \frac{F}{m_1 + m_2} - g \quad 答$$

加速度が求められました。また，この a を②′に代入して T を求めると

$$T = \frac{m_2}{m_1 + m_2} F \quad 答$$

張力も求められましたね！

PとQは一体となって運動しているから，加速度 a に共通な文字を利用するのはわかるけど，張力は同じ「T」という文字を使ってよいのかなぁ？

p.104 の話ですね。たしかに，ちょっと疑問が残りますよね。これには「作用・反作用の法則」という法則が関わっています。糸の秘密を知るために，この法則について見てみましょう。

・作用・反作用の法則

たとえば、黒板を叩いてみたときをイメージしてください。下の左側の図のように、叩かれた**黒板は右向きに$F_{黒板}$という力を受けます**。

図2−47

次に叩いた人の気持ちを考えてみましょう。黒板を叩いたとき、手が痛くなりますよね。つまり上の右側の図のように、**叩いた人は、黒板から逆向きに$F_{ヒト}$という力を受けます**。

$F_{黒板}$を**作用力**とすると、$F_{ヒト}$を**反作用力**といいます。このときの痛さは、黒板を叩いたときの強さに比例しますね。実は、作用力と反作用力の大きさは、つねに等しくなります。すべての力はこのように、同じ大きさで向きが逆の、**作用力と反作用力がセットで存在しています**。これを「**作用・反作用の法則**」というのです。作用・反作用の法則は、ニュートンの運動の法則の3番目の法則でもあります。

作用・反作用の関係は日本語にしてみると見つけやすくなります。先ほどの黒板を叩いた例でいけば、「黒板がヒトから受ける力」が作用力で、「ヒトが黒板から受ける力」が反作用力です。このように作用・反作用の力は、言葉を入れ替えて"●●が××から"を"××が●●から"にすることで見つけられます。

作用力　：黒板がヒトから受ける力 $F_{黒板}$

反作用力：ヒトが黒板から受ける力 $F_{ヒト}$

向きが逆で，大きさの同じ力が，セットになっているんだよね。じゃあ，この2つの力はつり合っているの？

　いいえ，そうではないんですよ。**力のつり合いは，注目する1つの物体において成り立ちます。**しかし，**作用・反作用の関係は「黒板とヒト」や「自分と相手」など，異なる2つの物体の間で成り立つ**ことに注意が必要です。**作用・反作用の2つの力は別々のものにはたらいています**ので，1つの物体に注目したときには，作用力と反作用力が，両方とも出てくることはないんです。

　では，作用・反作用の法則をふまえて，p.103の例題の糸の両側の張力が等しくなるのはなぜかについて考えてみましょう。まず，張力が等しくなるかはわからないので，次の図のように，物体P(図①)と物体Q(図③)にはたらく張力を T_P，T_Q とします。

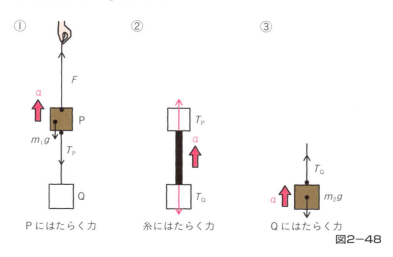

① Pにはたらく力　② 糸にはたらく力　③ Qにはたらく力

図2-48

図2-48の図②は，糸にはたらく力をかいたものです。**問題文に「軽い糸」とかかれているときは，糸には質量がないものと考えます。**したがって，重力は糸にははたらきません。糸にはたらく力は物体Pから引かれる力と，物体Qから引かれる力の2本です。

ここで作用・反作用の法則の登場です。実は**「物体Pが糸から引かれる力（T_P）」**と**「糸が物体Pから引かれる力」は作用・反作用の関係にあります。**つまり力の大きさは同じになるので，どちらもT_Pとおけます。同じように，「物体Qが糸から受ける力（T_Q）」と，「糸が物体Qから受ける力」は作用・反作用の関係にあるので，どちらもT_Qとおけます。

ここで，図②の糸に注目です。糸も物体P・Q同様に，一体となり加速しているため，加速度aで上昇しています。上に加速するということは，必ず上向きの力が下向きの力よりも大きくなっていなければいけません。上向きを正として，糸の運動方程式をつくると，次のようになります。

$$ma = \boxed{残った力}$$
$$\uparrow$$
$$T_P - T_Q$$

ここで，もう一度，p.103の問題文に注目してください。糸は「軽い糸」とかかれていましたね。これがカギになります。糸の質量は無視できるほど小さい，つまり0としますから，mに0を代入してみましょう。

$$\boxed{m}a = \boxed{残った力}$$
$$\uparrow \uparrow$$
$$0 T_P - T_Q$$

これを解くと，以下のようになります。

$$T_P = T_Q$$

"$ma=$残った力"の式で，$m=0$だから
糸の両端にはたらく力は$T_P = T_Q$になるんですね！

そういうことです。だから物体Pにはたらく張力も，物体Qにはたらく張力も，同じTという文字でおいてよかったんですよ。このことは，糸の法則として覚えておきましょう。

糸の法則 **Point!**

糸の両端の張力はつねに同じになる

それでは物体が複数ある運動について，練習問題を解いてみましょう。

練習問題

(1) 3つの物体A・B・Cを次の図のように地面の上に重ねて置きました。このとき，図の力 $f_1 \sim f_9$ を用いて，物体A，B，Cについて，それぞれ力のつり合いの式をつくりなさい。また，$f_1 \sim f_9$ の中から，作用・反作用の関係にある力をすべて選びなさい。

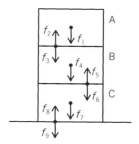

(2) なめらかな水平面に，質量 m_1 の物体Pと，質量 m_2 の物体Qとを接触させて置きました。物体Pに力 F を加えたとき，物体P・Qがおたがいにおよぼし合う力の大きさを f とし，物体P・Qの加速度を a とします。a と f を求めなさい。

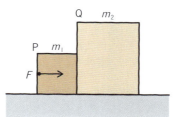

解答・解説

(1) 問題の図中にある力 f_1〜f_9 は,すべて存在している力です。でも,別々の物体にはたらく力を,1つの絵に重ねてかいてあるため,何がなんだかよくわからない状態になっています。**まず A・B・C・地面の4つの立場に分けて,力の矢印を引き直してみましょう**。「力の見つけかたの3ステップ(p.74)」を使って,ていねいに見つけてください。

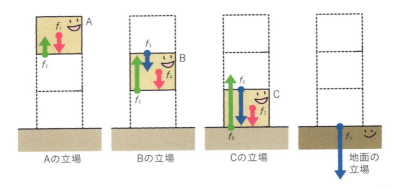

このようにすると,よくわかりますね。力のつり合いから見ていきましょう。力のつり合いは,その物体の中で成り立っているのがポイントです。たとえば,物体Aなら,f_1 と f_2 が力のつり合いの関係にあります。同様に,物体B,Cについての力のつり合いもまとめると

A $f_1 = f_2$ 　答
B $f_3 + f_4 = f_5$ 　答
C $f_6 + f_7 = f_8$ 　答

次に,作用・反作用の力です。**作用・反作用のポイントは,接触している2物体に注目することです。2物体それぞれの立場になって考えましょう**。たとえば,Aにはたらく力 f_2 とBにはたらく力 f_3 は,作用・反作用の関係にあります。

以下のように文章で表すと，よくわかります。

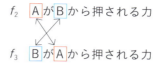

となりますね。このように考えて，作用・反作用の関係にある力をまとめると，以下のようになります。

Aにはたらく力 f_2 と，Bにはたらく力 f_3　　答

Bにはたらく力 f_5 と，Cにはたらく力 f_6　　答

Cにはたらく力 f_8 と，地面にはたらく力 f_9　　答

(2) ちょっと難しそうな問題に見えますが，落ち着いて，「力と運動の3ステップ解法(p.84)」を使って解いてみましょう。

ステップ1 注目する物体にはたらく力をすべてかく

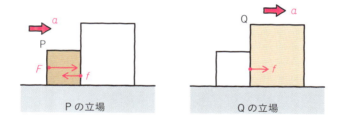

　物体Pの立場を考えると，右に押す力Fのほかには，前方にある物体QがPの動きをジャマしているので，**物体Qから左向きに力を受けます**。この力がfです。

　ほかにも，上下方向にはたらく力として，重力と垂直抗力がありますが，この問題では左右方向の力のみを問われているので，省略しました。

　次に，**物体Qの立場を考えてみましょう**。物体Qは右に加速します。これは**物体Pから押される**ためです。この力は，**物体Pが左向きに受ける力と作用・反作用の関係にある力**なので，物体Pにはたらいた力fと同じ記号fをあてました。

ステップ 2・3 静止？等速？→力のつり合い　加速？→$ma=$残った力

どちらの物体も加速していますので，運動方程式をつくりましょう。

P について

$$ma = 残った力$$
$\uparrow\quad\quad\uparrow$
$m_1\quad F-f$

$$m_1 a = F - f \quad \cdots\cdots ①$$

Q について

$$ma = 残った力$$
$\uparrow\quad\quad\uparrow$
$m_2\quad\quad f$

$$m_2 a = f \quad \cdots\cdots ②$$

①・②について，f や a を求めていきます。①の f に②の左辺を代入して，a をまず求めてみましょう。

$$m_1 a = F - \underbrace{m_2 a}_{f}$$
$$(m_1 + m_2) a = F$$

$$a = \frac{F}{m_1 + m_2} \quad \boxed{答}$$

これを②式に代入すると，f を求めることができます。

$$f = m_2 a = \frac{m_2}{m_1 + m_2} F \quad \boxed{答}$$

❸ 摩擦力

摩擦力って言葉はよく聞くけど，具体的にどんな力かっていわれると，よくわからないなぁ…

摩擦力は，私たちの身近にある力なので，イメージもしやすいですね。しかし，摩擦力の正確な理解は，思ったよりも難しいものです。それゆえに，試験でねらわれやすいところでもあります。

「大きなカブ」という童話を知っていますか？ その童話をもとにして，摩擦力について昔話をつくってみました。もちろん物理のお話ですから，少しおつきあいください。

(1) ある地面に大きなカブが落ちていました（もう土から抜けています）。カブを見つけたおじいさんは，このカブを家に持って帰ろうとしました。おじいさんがカブを引っ張りましたが，カブは動きません。

図2−49

解説：これは**カブと地面の間に摩擦力がはたらく**ためです。これを「**静止摩擦力**」といいます。たとえば，おじいさんの力を100 N とすれば，静止摩擦力は100 N の逆向きの力になります。動いていないので，力はつり合った状態です。

(2) 「お～い，ばあさんや！」
そこでおばあさんを呼んできました。おじいさんとおばあさんで協力してカブを引っ張りました。「うんとこしょ，どっこいしょ」まだまだカブは動きません。

図2−50

解説：おじいさんの力を100 N，おばあさんの力を50 Nとすれば，合わせて150 Nの力がカブにはたらきます。このときカブがまだ動いていないため，静止摩擦力は150 Nとなります。このように，**静止摩擦力は状況によって変化をして，物体を止めようとします**。このあとに摩擦力の公式が出てきますが，この段階では，公式を使わずに，**力のつり合いで静止摩擦力を求める**ことを覚えておきましょう。

(3) 「ニャ〜，ちょっときておくれ！」
　おばあさんはネコを連れてきました。おじいさんの腰をおばあさんが，おばあさんの腰をネコが引っ張ります。カブはそろそろ限界に近づいてきました。あとちょっとで動きそうです！

図2-51

解説：ネコの力を10 Nとすれば，2人＋1匹の力，合わせて合計160 Nの力がカブにはたらいています。静止摩擦力は力のつり合いから160 Nです。このように，物体が動き出す限界の摩擦力を，**最大摩擦力 f_{max}**（または最大静止摩擦力）といいます。つまり最大摩擦力は160 Nです。**最大摩擦力の大きさは，カブと地面の密着度合い（垂直抗力N）や，地面のザラザラ度（μ：静止摩擦係数）と関係しており，場合によって異なります**。

| 最大摩擦力の公式 |　　　　　　　　　　**Point!**

$$f_{max} = \mu N \,[\text{N}]$$
（最大摩擦力＝静止摩擦係数×垂直抗力）

「μ」は「ミュー」と読みます（変な読みかたですが，ただの記号なので恐れないでくださいね）。

(4) 「ニャ，ニャニャニャ，ニャ〜！」

ネコはネズミを呼びました。ネコの尾をネズミが引っ張りました。ネズミの力は微々たるものでしたが，やっとこさ，カブは動き始めました。

図2−52

解説：**最大摩擦力よりも少しでも大きな力が加われば，カブはこのように動き始めます。**

なるほど！ 摩擦力は物体にかかっている力に応じて変化するけれど，大きさに限界があるんですね。

(5) ひとたびカブが動き始めると，なぜかおじいさん1人でもカブを引きずることができました。カブを自宅に持ち帰ったおじいさんは，みんなでおいしくカブを食べたとさ。めでたしめでたし。

図2−53

解説：動いているときの摩擦力を，**動摩擦力**といいます。**動摩擦力は最大摩擦力よりも小さくなります**。たしかに，教卓などの重い物を引きずって動かす場合，はじめに動かすときのほうが，動かし続けているときよりも力が要りますよね。動摩擦力 f' の大きさは，カブと地面の密着度合い（垂直抗力 N）や，地面のザラザラ度（μ'：動摩擦係数）と関係しており，**動いていれば，等速でも加速していても，どんな場合でもつねに同じ値になるのが特徴**です。

動摩擦力の公式 Point!

$$f' = \mu' N \ \text{〔N〕}$$
（動摩擦力＝動摩擦係数×垂直抗力）

最大摩擦力と動摩擦力の式は似ているけれど，
係数の値も性質も違う。
つまり，摩擦力は2種類あるということか。

その通り！ $\mu' < \mu$ なので，動摩擦力 f' ＜最大摩擦力 f_{max} となります。次の図で，摩擦力が場面に応じて変化しているのを確認しましょう。

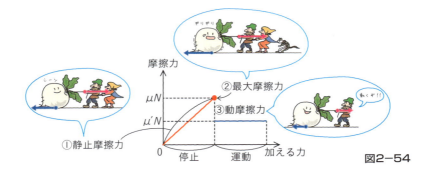

図2-54

特に注意してほしいところは，**静止摩擦力はその時々で変化すること**と，**動摩擦力は最大摩擦力よりも小さいこと**です。

　ここで，最大摩擦力・動摩擦力の公式の意味を考えてみましょう。最大摩擦力 f_{max} や動摩擦力 f' の公式には，μ や μ'，そして N がかけられていました。

$$f_{max} = \mu N \qquad f' = \mu' N$$

　これらの物理量は実際に何を意味しているのでしょうか。μ と μ'，そして N に分けて見ていきましょう。

　掃除で机を動かすときを想像してください。木やコンクリートなどの教室の床の上で机を動かす場合と，音楽室のようなカーペットの上で机を動かす場合では，カーペットのほうが動かすのが大変ですよね。

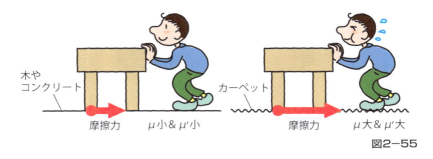

図2-55

　摩擦力はこのように，物体の面と，床の面の状態によって変化します。それを示しているのが μ や μ' です。カーペットの上では，μ や μ' が大きくなります。つまり，**μ や μ' は物体と面との間の「ザラザラ度」を示しているのです**。

　μ と μ' を比べると，**つねに $\mu > \mu'$ の関係にあります**。これは，最大摩擦力 μN が動摩擦力 $\mu' N$ より大きいことを表します。

また，先生が使っている重い机（教卓）を動かす場合と，生徒用の軽い机を動かす場合では，その大変さが違いますよね。つまり，摩擦力は物体の重さ（mg）に比例しているようです。じゃあ，次のように公式をつくればいいのではないかと考えますよね。

$$（✘）\quad f_{max} = \mu mg \qquad （✘）\quad f' = \mu' mg$$

　しかし，そうではないんです。最大摩擦力の公式や動摩擦力の公式には，**物体の重さを示す「重力 mg」ではなく，「垂直抗力 N」が入っています**。これは**物体と床が接していることが大切**だからです。

　たとえば，机を2人で持ち上げて移動させる場合を考えると，浮いているため地面からの摩擦力はなくなりますね。摩擦力はゼロです。

図2-56

　床に置いた場合も，浮かせた場合も重力 mg はありますから，最大摩擦力や動摩擦力の大きさは，直接的には重力と関係がないことがわかります。

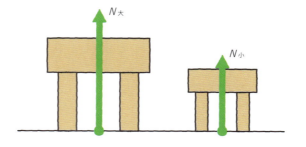

図2-57

Theme 2 運動方程式 119

図2−57を見てください。**垂直抗力 N があるということは，床（面）と物体が接していることを示しています**。最大摩擦力や動摩擦力は，この接しているということが大切なので，Nを使うのです。たとえば，同じ質量の物質でも，水平な面に置いてあるときと，斜面に置いてあるときでは，垂直抗力の大きさは異なります。与えられた設定での垂直抗力Nを求めて，使うようにしましょう。

それでは練習問題に挑戦してみましょう。

練習問題

質量 5.0 kg の物体を，粗い床の上に置きました。静止摩擦係数 μ を 0.80，動摩擦係数 μ′ を 0.20 として，(1)〜(4)の問いに答えなさい。重力加速度は 9.8 m/s² とします。

(1) この物体にひもをつけて，右方向に 3.0 N の力で引いたところ，物体は動きませんでした。このとき，物体にはたらく摩擦力の大きさと向きを求めなさい。

(2) この物体を左方向に 6.0 N の力で引いたところ，物体は動きませんでした。このとき，物体にはたらく摩擦力の大きさと向きを求めなさい。

(3) 物体に，水平方向の力を何 N 以上加えると，物体は動き始めますか。

(4) 物体に(3)で求めた値以上の力を水平に加えたところ，物体が動き始めました。動いているとき，物体にはたらく摩擦力の大きさを求めなさい。

解答・解説

もう一度，摩擦力のグラフを示しますので，それぞれの問題がどの摩擦力のことなのかをじっくり考えながら解いていきましょう。

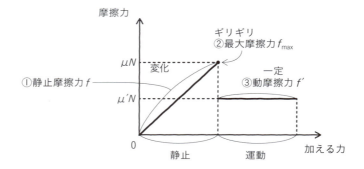

(1) 「公式 μN を使おう！」と考えた人は，間違いです！　物体は動いていませんが，動き出す直前の状態でもありません。**摩擦力のグラフの①静止摩擦力が問われています。**

　このとき物体には，**引っ張った力とつり合う摩擦力が反対向きにのびている**はずです。　　　　　　　**左向きに 3.0 N**　**答**

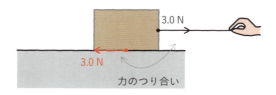

(2) (1)と同じく物体は動いていないので，**摩擦力のグラフの①，静止摩擦力が問われています。** 今度は，物体は(1)とは逆の左向きに引っ張られているので，摩擦力は右にのびます。　**右向きに 6.0 N**　**答**

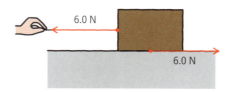

(3)　物体が動き始める直前の力を問われているので，**グラフの②，最大摩擦力が問われています。** 公式を用いると，最大摩擦力 $f_{max} = \mu N$ になります。

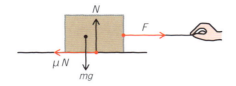

このことから上下方向と左右方向の力のつり合いの式は，

<u>左右方向</u>

$$⊖ = ⊖$$
$$\mu N = F \quad \cdots\cdots ①$$

<u>上下方向</u>

$$① = ②$$
$$N = mg \quad \cdots\cdots ②$$

①の N に②の右辺を代入して，F の値を求めます。
$$F = \mu N = \mu mg = 0.80 \times 5.0 \times 9.8 = 39.2 ≒ \mathbf{39〔N〕}$$

(4) 動き出している物体にはたらく摩擦力は**グラフの③，動摩擦力**です。
「動摩擦力の公式（p.116）」に，垂直抗力 N の値を代入しましょう。
$$F = \mu' N = \mu' mg = 0.20 \times 5.0 \times 9.8 = \mathbf{9.8〔N〕}$$

≫ 3　浮力と運動方程式

❶ 圧力と力の違い

　運動方程式の最後に，**圧力**と**浮力**という力について見ていきたいと思います。持っているペンの先で手の指などを押してみてください。次に，ペンをひっくり返して平たいほうを向けて，先ほどと同じくらいの力で押してみてください。どっちの場合が痛いですか？

いてて…　ペン先で押したほうが，やっぱり痛いね。

122 Chapter_1 力学

　それぞれの指を押す力の大きさは同じなのに，とがったペン先で押した
ほうが強い痛みを感じますね。これはペン先で押したほうが，**力が1カ
所に集中する**ためです。このように，力がほかの物体にどのように影響
しているのかを考えるときには，**力の集中度**を知る必要があります。
　この力の集中度のことを**圧力**といいます。圧力は，「**1 m² あたりに加
わる力**」のことをいい，次の式で定義されています。

圧力の公式　　　　　　　　　　Point!

$$P = \frac{F}{S} \ (\text{Pa}) \ \text{または} \ (\text{N/m}^2)$$

$$\left(\text{圧力} = \frac{\text{力}}{\text{面積}} \right)$$

　式を見てみましょう。力 F が同じでも，ペン先のほうが平たいほうに比
べて，接する面積 S が小さいので，圧力 P が大きくなりますね。圧力の
単位は，組立単位で N/m² と表すことができます。また，この N/m² はよ
く使うので，**Pa（パスカル）**という単位が与えられています。
　間違えてしまう人が多いのですが，圧力の単位は N(ニュートン)ではあ
りませんから，力と一緒にして計算することはできません。

$$(\textcolor{red}{✗}) \quad 3(\text{N}) + 4(\text{Pa}) = 7(?)$$

　圧力は「力」とついているものの，力と完全にイコールではありません。
圧力を力として使いたい場合には，圧力の公式を変形させて

$$F = PS \quad \cdots\cdots ❶$$

と，**面積 S をかけてから使う**ようにしましょう。注意してくださいね。
この式は，問題を解くときに，とてもよく使います。

❷ 圧力と気圧（大気圧）

ところで，圧力の単位 Pa（パスカル）という言葉，日常生活でよく聞きませんか？

パスカル，パスカル…そういえば，「ヘクトパスカル」って，聞いたことがありますね。

そう，天気予報でよく耳にしますね。天気予報では
　　「中心気圧が 960 hPa の大型の低気圧が接近してきました！」
などのように使われています。

実は，地上の平均気圧は約 1013 hPa で，私たちはその**気圧**の中で生活をしています。**単位が同じなので，気圧は圧力です。**では，この気圧という圧力はいったい何なのでしょうか？

目には見えませんが，空気中には，空気をつくっているたくさんの粒子（チッ素や酸素など）が飛んでいます。そして，その細かい粒子１つひとつにも，重力がはたらいています。大気は地球上をおおっており，私たちの頭の上には，たくさんの粒子がのっていることになります。この**空気を構成する粒子の重さが，気圧（大気圧ともいう）**なのです。

図2-58

気圧は，地上では約 1000 hPa という大きさです。Pa ではなく hPa（ヘクトパスカル）という単位です。**h（ヘクト）は 100（ハンドレッド）を表しており**，1000 hPa＝1000×100 Pa＝100000 N/m² という意味です。

この圧力，大きそうですよね！　イメージしてみましょう。100000 N/m² は 1 m² あたり 100000 N の力が加わっているということになります。これは牛乳パック（およそ 10 N）でいえば，1 万本の重さに相当します！
　成人男性が床に寝たときに占める面積が，約 1 m² ですから，地上で人間が寝ているとき，その上には牛乳パックが 1 万本のっているだけの力がかかっているということですよ。気圧の力って，すごい大きさですよね！

　また，**気圧は頭の上にどれくらい空気の粒子がのっているのかが大事**です。そのため，山の上など高いところに行くと，もちろん気圧も低くなります。この性質を利用したのが，高度計です。高度計は気圧を測ることで，高さを測っているのです。

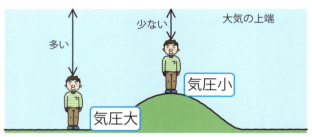

図2-59

　気圧は，単に上からのみ物体を押すだけではなく，さまざまな方向から押してきます。満員電車に乗ったとき，さまざまな人にいろんな方向から押されますよね。そんなイメージで考えましょう。

❸ 水圧と浮力
　プールに入ると，体が軽くなったように感じますよね。これは，水の中では**浮力**という不思議な上向きの力がはたらくためです。浮力は，いったい何がおよぼしている力なのでしょうか？　ヒントは圧力です。

えー…　難しいなぁ。水と圧力ということは…
水圧が関係しているのかな？

いい推測ですね！　浮力について考える前に，まず，**密度**と**水圧**について見ていきましょう。**密度 kg/m^3 とは 1 m^3 あたりの物体の質量 kg を示しています。**

> | 密度の式 |
>
> **Point!**
>
> $$\rho = \frac{m}{V} \ \ [\text{kg/m}^3]$$
>
> $$\left(密度 = \frac{質量}{体積}\right)$$

　密度はギリシア文字の ρ（ロー）を使って表します。アルファベットの p（ピー）に似ていますが，異なるものなので間違えないように注意してくださいね。単位は組立単位で，kg/m^3 を使います。

　たとえば，朝早く電車に乗ると，乗っている人が少ないため快適です。しかしラッシュのときに乗ると，ギュウギュウで非常に不快ですよね。前者は密度が小さい状態，後者は密度が大きい状態を示しています。つまり，**密度はつまっている度合い，わかりやすくいえば「ギュウギュウ度」を表しています。**

　密度の式を変形させた質量の式もよく使います。定義式から変形できるようにしておきましょう。

$$m = \rho V \quad \cdots\cdots ❷$$

次に水圧です。**水圧も気圧もほぼ同じような原因で発生しています。**

水の中にもぐると、頭の上にその深さに応じて、水分子がのっていることになります。気圧と同じように、**上にのっている水はその重力で頭を押しつぶそうとします。これが水による圧力、つまり水圧**です。

水圧の大きさを求めてみましょう。

図2-60

図2-61のように水深 h 〔m〕にある1m² の薄い板を考えてみましょう。この1m² の板は、**その上にのっている水の重さによって押されます。この力がその深さの水圧になります。** 水の密度を $ρ_水$ とします。

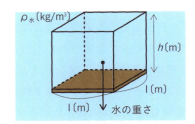

図2-61

水圧、つまりこの水の重さを求めてみましょう。水の重さは mg です。これに、❷の質量の式より、$m = ρV$ を代入すると

$W = (ρ_水 V)g$

となります。また体積 V は図より($1 × 1 × h$)なので

$W = ρ_水 (1 × 1 × h)g$

　　$= ρ_水 hg$

これが深さ h における水圧です。

| 水圧の公式 | Point! |

$P_水 = ρ_水 hg$ 〔Pa〕または〔N/m²〕
（水圧＝水の密度×深さ×重力加速度）

ただし，ふつうは水の上に大気がのっていますから，大気圧の影響も受けます。大気圧を P_0 とすると，**大気圧を考慮した水圧**は次の式で表されます。

$$P_水 = \rho_水 hg + P_0 \quad \cdots\cdots ❸$$

この式からわかるように，**深ければ深いほど**（h 大），**上にのっている水の量は増えるため，水圧も大きくなります**（右辺の項が大きくなる）。

気圧と同じように水圧も，さまざまな方向から加わり，物体を押しつぶそうとします。❸の水圧の公式は余力があれば覚えてもいいですが，導き出せればそれで十分でしょう。

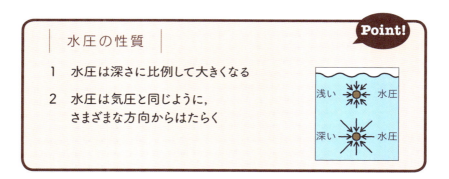

お待たせしました！ それでは浮力について説明しましょう。

たとえば，ある物体を水に沈めた場合を考えてみます。**図2-62**①のように，物体のまわりには，上下左右，様々な方向から水圧が加わり，物体を押しつぶそうとします。ここで大切なことがあります。ふつう，物体には大きさがあります。水圧は深さに比例して大きくなっていくので，**上の面にはたらく水圧よりも下の面にはたらく水圧の方が大きくなり，横向きにはたらく水圧は，深さとともに大きくなっていきます**。これらの力を合成してみると，**図2-62**②のように，左右の水圧は打ち消し合いますが，上下の水圧は，下の水圧のほうが大きいために，**上向きに力が残ってしまいます。物体にはたらく水圧をすべて足し合わせたときに残ったもの，これが浮力**だったのです。

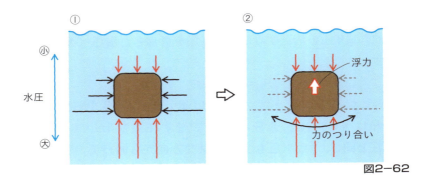

図2-62

浮力は、重力のように離れていてもはたらく不思議な力ではありません。**触れてはたらく力に入ります**(触れているものは水)。

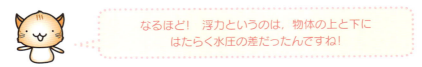

なるほど！ 浮力というのは、物体の上と下にはたらく水圧の差だったんですね！

その通りです。では、浮力の大きさはどのようになるのでしょうか。具体的な例をあげて見ていきましょう。仮に1辺が a [m]の立方体を水深 h [m]の場所に沈めたとします。

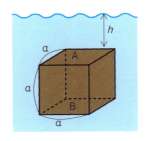

図2-63

浮力の大きさはどのくらいなのでしょうか。A面・B面にかかる水圧をそれぞれ求めたあと、その差を求めてみましょう。

A面にはたらく水圧による力の大きさは、深さ h の水圧を P_A とすると、❶の圧力の式(p.122)より

$$F_A = P_A S$$

となります。

また，P_A の大きさは❸の水圧の式(p.127)より $\rho_水 hg+P_0$，A の面の大きさ S は a^2 なので，それぞれを代入すると

$$F_A=(\rho_水 hg+P_0)a^2$$

同様に B 面を考えます。B の場所では，深さが $(h+a)$ になることに注意をしながら代入しましょう。

$$F_B=\{\rho_水(h+a)g+P_0\}a^2$$

それでは，この2つの力を合成してみましょう。**力が大きな F_B から F_A を引いてみると，それが浮力の大きさになる**はずでしたね。

浮力 $=F_B-F_A$
$\quad=\{\rho_水(h+a)g+P_0\}a^2-(\rho_水 hg+P_0)a^2$
$\quad=\rho a^3 g$

かなりきれいになりましたね！ ここで a^3 は**物体の体積 V（縦 a×横 a×高さ a）にあたる**ので，V に置き換えることができます。

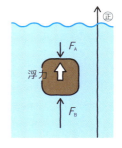

図2−64

| 浮力の公式 | Point! |

$$F=\rho_水 V_{物体} g \,[\mathrm{N}]$$
（浮力＝水の密度×沈んだ部分の体積×重力加速度）

老ブイ爺
ロウ ブイ ジイ
$\rho \quad V \quad g$

図2−65

> わぁ！ 短い式でまとまったね！
> わかりやすい！

気をつけてほしいところは，次の3つです。

- 物体にはたらく浮力は，まわりの物質（水など）の密度 ρ が関係する。物体自身の密度ではない。
- 物体の質量 m は，浮力 ρVg とは関係ない。
- 「物体にはたらく重力 < 物体にはたらく浮力」のとき，物体は浮かび上がる。

この3つは理解しておきましょう。3つ目についていうと，今回は浮力の説明をするために，物体にはたらく重力については触れませんでしたが，水中でも重力ははたらきます。たとえば，ビーチボールをプールに沈めても浮かんでしまいますが，ビーチボールと同じ体積の鉄球は，沈んで浮かびません。同じ体積なので同じ大きさの浮力を受けるのですが，ビーチボールは重力が小さく，鉄球は重力が大きいので，このような違いが出るのですよ。

❹ 浮力の公式とアルキメデスの原理

浮力の公式の $\rho_水$ は水の密度を使って計算しましたね。また，V は物体の体積です。つまり $\rho_水 V$ は❷の密度の式（p.125）から，「**物体の体積と同じ体積の，水の質量**」を示しており，ここに g をかけると，このように言い換えることができます。

「**物体にはたらく浮力の大きさは，物体の体積に相当する水にはたらく重力と同じ**」

ということです。これを**アルキメデスの原理**といいます。

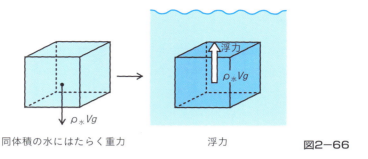

同体積の水にはたらく重力　　　　浮力　　　　　図2-66

　また，実際に浮力の公式を使って問題を解くときに，注意するポイントがあります。それは，アルキメデスの原理と関係が深いのですが，たとえば，次のように物体を半分だけ水に沈めた場合は，浮力はどのように考えればいいでしょうか？

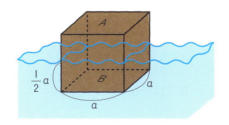

図2-67

　このとき，**浮力の公式で使う体積は，物体が水の中に入っている分だけを使います！**
　つまり，このときに物体にはたらく浮力は

$$浮力\ F = \rho_{水} V g$$
$$V = \frac{1}{2}a \times a \times a$$

となります。水に沈んでいる部分の体積を使うこと，これが浮力の公式を使うときの注意点です！　それでは練習問題に挑戦して，浮力について理解を深めましょう。

練習問題

(1) 手の人差し指の爪の面積はおよそ 1 cm² で,地上気圧はおよそ 1000 hPa です。手を地面に対して平行に出したとき,この爪の上にはたらく気圧による力の大きさを求めなさい。また,それは牛乳パック(重さ 10 N)何本分になりますか。

(2) 右の図のような質量 80 kg の直方体があります。次の問い①,②に答えなさい。ただし,重力加速度を 10 m/s² とします。

① この物体の密度を求めなさい。
② A 面を下にしたとき,物体の重力によって床にはたらく圧力を求めなさい。

(3) (2)の物体を,次の図①・②のように水中に沈めました。このとき,物体にはたらく浮力の大きさを求めなさい。ただし,水の密度を 1.0×10^3 kg/m³ とし,重力加速度の大きさを 10 m/s² として計算します。

① ②

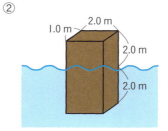

解答・解説

(1) **圧力とは 1 m² あたりにはたらく力**でした。1000 hPa とは 1 m² あたり 1000×100＝100000＝1.0×10⁵ N の力がはたらくということです。そこで爪の面積 1 cm² の単位を m² 単位に直してみましょう。

$$1\ cm^2＝1\ cm×1\ cm＝\frac{1}{100}\ m×\frac{1}{100}\ m＝0.0001\ m^2＝1.0×10^{-4}\ m^2$$

となります。このことから爪の上にはたらく力の大きさを，比を使って計算をしてみましょう。

$$1.0×10^5\ N：1\ m^2＝X\ 〔N〕：1.0×10^{-4}\ m^2$$

$$X＝\mathbf{10〔N〕}\quad 答$$

牛乳パック **1 本分**　答

(2) ① 「密度の式(p.125)」に代入しましょう。

$$\rho＝\frac{m}{V}＝\mathbf{10\ 〔kg/m^3〕}\quad 答$$

(m の上に 80、V の下に 1.0×2.0×4.0)

② 物体にはたらく重力 mg は，80×10＝800 N となります。A 面の面積は 2×4＝8 m² なので，それぞれを「圧力の公式(p.122)」に代入しましょう。

$$P＝\frac{F}{S}＝100＝\mathbf{1.0×10^2\ 〔N/m^2〕}\quad 答$$

(F の上に 800、S の下に 2.0×4.0、N/m² の下に (Pa))

(3) 「浮力の公式(p.129)」は ρVg でしたね。②では，水に沈んでいる部分の体積だけ考えましょう。

① 浮力 $F = \rho_水 \quad V \quad g$

$\uparrow \qquad \uparrow \qquad \uparrow$

$1.0 \times 10^3 \quad 1.0 \times 2.0 \times 4.0 \quad 10$

$= 8.0 \times 10^4 \, [N]$ **答**

② 浮力 $F = \rho_水 \quad V \quad g$

$\uparrow \qquad \uparrow \qquad \uparrow$

$1.0 \times 10^3 \quad 1.0 \times 2.0 \times 2.0 \quad 10$

$= 4.0 \times 10^4 \, [N]$ **答**

Column

ニュートンと運動の法則

　ニュートンは力と運動について，3つの法則にまとめました。

　運動の第1法則，それは**慣性の法則**です。力がはたらかないか，または残った力が0の場合には，物体は静止または等速運動を続けるというものです。合力がない場合の物体の運動についてまとめています。

　運動の第2法則，それは**運動方程式**です。物体にはたらく力が残っていれば，その残った量と物体の質量に応じて物体は加速するという法則です。

　運動の第3法則，それは**作用・反作用の法則**です。これは，力は必ずペアで発生するという法則でしたね。

　物理はあまり覚えることは必要ない科目ですが，これら**運動の3法則**については名前と，どんなものかを簡単に覚えておきましょう。

エネルギーの保存

≫ 1. 力学的エネルギーの保存

❶ 仕事とエネルギー

さて、力学分野もとうとう最後のThemeになりました。

エネルギーという言葉は、ニュースなどでもよく耳にします。でも、ふと立ち止まって考えてみると、エネルギーって実際には何なのでしょうか？

> ええっと… そういわれると…
> よくわからないです。

少し難しいですよね。物理で使う"エネルギー"という言葉には「**仕事をする能力**」という意味があります。でも、"仕事"って何のことでしょうか？ 1つひとつ説明していきますね。

❷ 仕事とは

物理における"仕事"は、次の式で定義されています。

仕事の式 Point!

$W = Fx$ 〔J〕
（仕事＝加えた力×移動距離）

動いた！
移動距離 x

仕事は Work の W を使って表します。仕事 W は，どれだけの大きさの力 F を加えたのかということと，どれくらいの距離 x だけ動かしたのかということが大切です。仕事の単位は **J（ジュール）** を使います。

仕事には「プラスの仕事」と「マイナスの仕事」があります。 次の図を見てください。

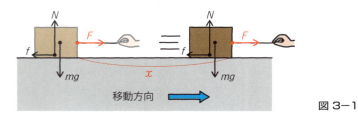

図 3-1

粗い水平面上で，物体をある距離 x 引っ張った場合には，その物体には引っ張った力 F 以外にも，重力 mg，垂直抗力 N，摩擦力 f がはたらいています。この中で，**物体の移動を助けた力のした仕事が，プラスの仕事**になります。その一方，**物体の移動を妨げた力のした仕事は，マイナスの仕事**になります。つまり，**移動方向と同じ向きの力のした仕事はプラス，逆向きの力のした仕事はマイナス**ということです。

$$\text{正の仕事} \rightarrow \text{手の力 } F \text{ のした仕事} \quad \oplus Fx$$
$$\text{負の仕事} \rightarrow \text{摩擦力 } f \text{ のした仕事} \quad \ominus fx$$

それでは，重力 mg や垂直抗力 N は仕事をしたのでしょうか？ これらの力は，**移動方向とまったく関係のない垂直方向を向いています。この場合，仕事としてはカウントしません。仕事ゼロです。**

$$\text{重力 } mg, \text{ 垂直抗力 } N \text{ のした仕事} = 0$$

このように，**物理における仕事を理解するには，物体にはたらいた力と物体の移動方向の関係を見ていく必要があります。**

それでは仕事の定義がわかったところで，本題のエネルギーについて見ていきましょう。

❸ 運動エネルギー

次の図のように，速い速度で飛んできたボールをキャッチしたとします。受け取った人はボールから力を受け，後ずさることもあるでしょう。

図3-2

　これはボールが力を与えて人を動かしたわけですから，ボールは仕事をしていることになります。このように，**動いている物体は仕事をすることができます**。エネルギーの定義に戻ると，エネルギーとは仕事をする能力のことでした。つまり，**飛んでいたボールはエネルギーをもっている**ということになります。動いている物体がもつエネルギーを**運動エネルギー**といい，その大きさは次の公式で表されます。

Point!

| 運動エネルギーの公式 |

$$E = \frac{1}{2}mv^2 \ [\text{J}]$$

$$\left(運動エネルギー = \frac{1}{2} \times 質量 \times 速度の2乗\right)$$

　物体の運動エネルギーは物体の質量と速度に関係があるということです。キャッチボールで，速いボールや，大きなボールを受けとったときには，たしかにたくさんの仕事を受けとるような気がしますよね。

速く飛んできたバスケットボールをキャッチしたときなんかは，強く押されるような感じがするよね。

エネルギーの単位は仕事と同じ J（ジュール）を使います。エネルギーとは「仕事をする能力」のことなので，単位が仕事と同じなのです。

❹ 位置エネルギー

運動エネルギーのほかに，位置エネルギーと弾性エネルギーというエネルギーがあります。まず，位置エネルギーについて見ていきましょう。

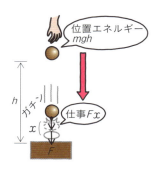

図3-3

図3-3のように，鉄球をある高さまで持ち上げてから手を離すと，鉄球は下向きの速度を増しながら落ちていきます。もし落下点に釘があれば，鉄球は釘に力を与えて釘を押し込む，つまり仕事をすることができます。

最終的には，運動エネルギーによって仕事をしていますが，この運動エネルギーをもつことになった理由は，物体が「高い場所」にあったことが原因です。このように，**高い場所にある物体は，そこにいるだけで仕事をする可能性があります。つまりエネルギーをもっています。この高さによるエネルギーを「（重力による）位置エネルギー」**といいます。

位置エネルギーは次の式で表されます。

位置エネルギーの公式　**Point!**

$$E = mgh \ [\text{J}]$$
（位置エネルギー＝質量×重力加速度×高さ）

物体にはたらく重力 mg に，高さ h をかけるだけの覚えやすい式ですね。

注意してほしいのは，**位置エネルギーは運動エネルギーと違い，プラスやマイナスがある**ことです。図3−4のように，地上から高さ h_1 のところに質量 m の鉄球が置いてあるとします。①のように，地上にいる人から見れば h_1 だけ上空にある質量 m の鉄球の位置エネルギーは $+mgh_1$ です。しかし図の②のように，鉄球と同じ高さにいるサルから見ると，鉄球の位置エネルギーは 0 になってしまいます。

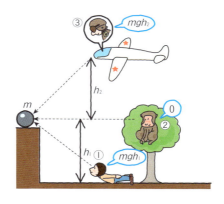

図3−4

これはなぜか，考えてみましょう。まず，地上にある釘に対して，鉄球は落下し，仕事をする可能性をもっています。しかし，サルと同じ高さにある釘に対して，鉄球は仕事をする可能性がゼロであるため，サルからみると，鉄球のもつ位置エネルギーはゼロになるわけです。

さらには図3−4の③のように，鉄球よりも上にある，飛行機の機内にある釘に対してはどうでしょうか？　飛行機よりも下にある鉄球が，機内の釘に仕事をするためには，最低限，飛行機と同じ高さまで，鉄球を持ち上げなければいけません。つまり，逆に鉄球に mgh_2 の仕事を与える必要があります。よって，**飛行機の高さよりも下にある鉄球の位置エネルギーは，飛行機からみると $-mgh_2$ と負の値になります**。

なるほど，見る位置によって，位置エネルギーの正負や大きさが変わってきてしまうんですね。

ええ。つまり，**位置エネルギーを考える場合には，どの立場から見ているのかという基準点が大切**になります。

❺ 弾性エネルギー

最後に，弾性エネルギー（弾性力による位置エネルギー）について見ていきましょう。**弾性エネルギーとは，ばねやゴムなど，伸び縮みするものがもつエネルギー**のことです。ばねをある距離 x 縮めて（または伸ばして），そこにおもりをつけて手をはなすと，ばねは自然の長さまで戻ろうとして，おもりを動かします。

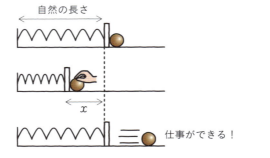

図 3-5

このように，縮んだばねや伸びたばねは，おもりに対して仕事をする可能性をもっています。この，ばねのもつエネルギーを弾性エネルギーといい，次の公式で表されます。

弾性エネルギーの公式 **Point!**

$$E = \frac{1}{2}kx^2 \ [\text{J}]$$

$$\left(弾性エネルギー = \frac{1}{2} \times ばね定数 \times ばねの伸びの2乗\right)$$

⑥ 力学的エネルギー

これまでに紹介した運動エネルギー・位置エネルギー・弾性エネルギーの3つのエネルギーは，力学分野で登場するエネルギーです。このほかにも光エネルギーや熱エネルギー，電気エネルギーなどさまざまなエネルギーがあります。力学分野で出てくる**運動・位置・弾性エネルギーの和**を**力学的エネルギー**とよび，ほかの分野のエネルギーと区別します。

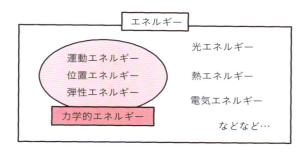

言葉がたくさん出てきたな…
何だか，ごっちゃになってしまいそうだ…

力学的エネルギーについて，以下にまとめました。これだけ覚えておけば大丈夫です！

力学的エネルギーのまとめ **Point!**

仕事：Fx
エネルギー：仕事をする能力のこと

力学的エネルギー：
- 運動エネルギー $\frac{1}{2}mv^2$
- 位置エネルギー mgh
- 弾性エネルギー $\frac{1}{2}kx^2$

上記3つの和を力学的エネルギーという。

例題

質量 m の飛行機が，水平方向左向きに速度 v で，地上から高さ h を飛んでいます。地上を位置エネルギーの基準として，飛行機のもつ力学的エネルギーを求めなさい。

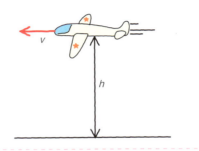

図3-6

力学的エネルギーとは，それぞれ(1) 運動エネルギー，(2) 位置エネルギー，(3) 弾性エネルギーの3つのエネルギーを足し合わせたものでしたね。それぞれ別々に計算してから足し合わせてみましょう。

(1) 運動エネルギー

飛行機は速度 v で飛んでいます。よって，運動エネルギーは $\frac{1}{2}mv^2$ です。

(2) 位置エネルギー

飛行機は高さ h を飛んでいます。よって，地上から見た位置エネルギーは mgh です。

(3) 弾性エネルギー

ばねは登場しません。よってゼロとなります。

(1), (2), (3)をすべて足しましょう。

$$\text{力学的エネルギー} = \frac{1}{2}mv^2 + mgh + 0 = \frac{1}{2}mv^2 + mgh$$

７ 力学的エネルギーの保存

　力学的エネルギーの変化ついて，満腹度を例にとって説明しましょう。たとえば下の図のように，満腹度が 20％しかなく，ハラペコな人がいます。その人を**放っておいても，20％から突然 100％の満腹状態になることはありません。**

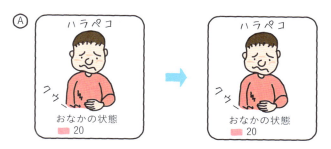

図 3-7

　もし，**いつの間にか満腹になっていた場合，必ず何か原因がある**はずです。たとえば，こっそりパンを食べていたなどです。

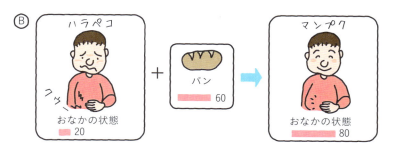

図 3-8

　上記の Ⓐ，Ⓑ の例は，

　　おなかの状態　＝　力学的エネルギー
　　パン　＝　仕事

と考えると，力学的エネルギーの変化についてうまく理解できます。

この例のように，**エネルギーは突然わけもなく現れたり，消えたりしない**ことがわかっています。このことをエネルギー保存の法則といい，物理学で最も大切な法則の1つです。

　Ⓐの場合は外部からジャマが入らなければ，力学的エネルギーは一定になっていることを示しています。これを力学的エネルギー保存の法則といいます。エネルギー全体の保存ではなく，力学で登場するエネルギー，**力学的エネルギーだけが変化しない，特殊な状態**です。

　またⒷの場合のように，**外部から仕事を受けると「力学的エネルギー」は保存されません**。しかし，その**仕事の分を考えると，エネルギー保存の法則は成り立っている**ので等式をつくることができます。

ⒶとⒷの問題の解きかたには
違いがありますか？

　いいえ，大きな違いはありません。少しずつ問題を解くのに慣れていけば，怖がる必要はありませんよ。では，まずは，外部からのジャマが入らない場合(腹ぺこ＝腹ぺこ)を，具体的に学んでいきましょう。

 はじめの力学的エネルギー ＝ あとの力学的エネルギー

図3−9

　次ページの**図3−10**のように，リンゴを上向きに初速度 v_0 で投げ上げた場合を考えます。このときの最高点の高さ h を，エネルギー保存の法則を使って求めてみましょう。

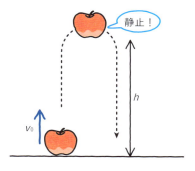

図 3-10

リンゴは、はじめ運動エネルギー $\frac{1}{2}mv_0^2$ をもっており、位置エネルギーは地面を基準にするとゼロです。よって、**投げたときの力学的エネルギーは $\frac{1}{2}mv_0^2 + 0 = \frac{1}{2}mv_0^2$** となります。

そのあと、リンゴはどんどん速度を減らしながら上昇していき、最高点では速度が0、つまり静止します。ということは、運動エネルギーはゼロということです。

位置エネルギーについて考えてみましょう。最高点のリンゴの高さを h とすれば、h の高さにあるリンゴは mgh の位置エネルギーをもっています。**つまり最高点の力学的エネルギーは $0 + mgh = mgh$** となります。

これらのことから、エネルギー保存の法則を用いて、はじめのエネルギーと最高点のエネルギーを等式で結びましょう。

このとき、はじめの状態から最高点の状態まで、誰も触っていないので外力ははたらいていません(ここで、**リンゴにはたらいている重力については位置エネルギーとしてカウントしているので、重力は外力には含めません**)。つまり、リンゴに対して外力がした仕事はゼロなので、**力学的エネルギーは保存されています**。この数式から最高点の高さを求めると

$$\frac{1}{2}mv_0^2 = mgh$$

$$h = \frac{v_0^2}{2g}$$

となり，答えを求めることができました。

次に，エネルギーの移り変わりを見てみましょう。**図3-11**では，運動エネルギーを「運E」，位置エネルギーを「位E」，2つを合わせた全力学的エネルギーを「全E」としています。はじめにもっていた運動エネルギー（①）が，高くなるとともに位置エネルギーへと変わり（②），最高点にきたときにリンゴは静止し，すべてが位置エネルギーになります（③）。そのあとリンゴは位置エネルギーを運動エネルギーに変えて（④），落ちてきます（⑤）。

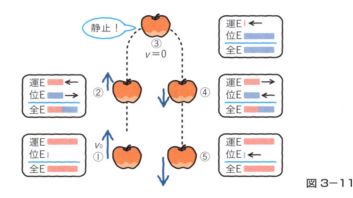

図3-11

きれいな図ですね！ エネルギーが刻々と移り変わりながら，合計が変わらないようすがよくわかります。

ええ，**図3-11**は重要なので，頭に入れておきましょう。**図3-11**から，運動エネルギーと位置エネルギーの和である**力学的エネルギーは，①～⑤において，つねに一定となっている**とわかります。投げ上げ運動をエネルギーという観点で見ると，はじめの運動エネルギーが，その場その場で，位置エネルギーと運動エネルギーに変化しているといえます。

このように力学的エネルギーが変化しない例は，投げ上げ運動だけではありません。

例題

図3－12のように，人が乗って質量が m となったコースターが，高さ h_A の点Aで一瞬静止し，降下していきました。そのあとコースターは，速度を変化させながら，図のようにB，C，D，Eと一回転しながら運動しました。このとき，各点B〜Eのコースターの速さを求めなさい。ただし地点B・Dの高さを h_B とします。また重力加速度を g とし，摩擦力や空気抵抗は，はたらかないものとします。

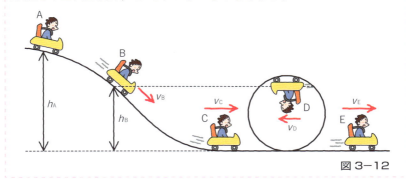

図3－12

この問題でも力学的エネルギーの保存が大活躍します。高さが0である点Cの速度 v_C を求めてみましょう。**地上を位置エネルギーの基準**として，点Aと点Cのエネルギーの保存を考えると

$$\boxed{\text{点Aの力学的エネルギー}} = \boxed{\text{点Cの力学的エネルギー}}$$

mgh_A （運動エネルギーは0）　　$\dfrac{1}{2}mv_C^2$ （位置エネルギーは0）

この数式を v_C について解くと

$$v_C = \sqrt{2gh_A} \quad \cdots\cdots ①$$

となります。点Cでの速さ v_C を求めることができました。

あれ？ でもちょっと待って！
重力以外の力はどうなるの？
コースターにはレールが触れているから，
その力のする仕事も考える必要があるのでは？

　いい指摘ですね。コースターにはたらく力を考えると，**コースターには外力である垂直抗力がはたらいています**。この垂直抗力がした仕事も考えたほうがよさそうですよね？

　しかし，この場合，垂直抗力のする仕事は考えなくてよいのです。つまり，①の式は合っています。**図3－13のように垂直抗力は台車の移動方向に対して，斜面の傾きが変わっても，つねに垂直にはたらいている**ということがポイントです。

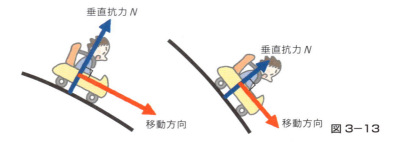

図3－13

　p.136で説明しましたが，**運動方向と垂直な力のする仕事は0**です。よって，垂直抗力 N のする仕事は0となり，**外力である垂直抗力 N の仕事を考える必要はない**のです。つまり，力学的エネルギーは図3－12のA〜Eの場所のどこでも保存されています。

　このことから，CとE，BとDの速さは同じになるとわかります。なぜかというと，力学的エネルギーが保存されるから，高さが同じであれば，次の**図3－14**のように運動エネルギーも同じになるためです。すべての原動力は，点Aにあるときの位置エネルギーで，そのエネルギーが，各点において，運動エネルギーと位置エネルギーに分配されるということですね。

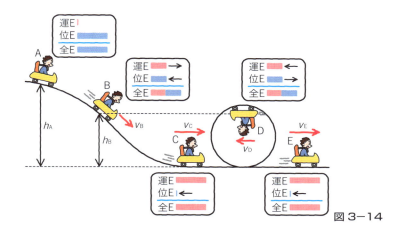

図 3-14

点 C と点 E における速さは求められましたので，次は，点 B と点 D における速さを求めてみましょう。

点 B の速さ v_B を求めてみましょう。点 A と点 B のエネルギー保存則から

$$\boxed{\text{点 A の力学的エネルギー}} = \boxed{\text{点 B の力学的エネルギー}}$$

$$mgh_A \qquad\qquad \frac{1}{2}mv_B^2 + mgh_B$$

となります。点 B では運動エネルギーと位置エネルギーをもっていることに注意してください。この数式を解くと

$$mgh_A = \frac{1}{2}mv_B^2 + mgh_B$$

$$\frac{1}{2}mv_B^2 = mg(h_A - h_B)$$

$$v_B^2 = 2g(h_A - h_B)$$

$$v_B = \sqrt{2g(h_A - h_B)}$$

となります。点 D についても同じ式を立てることになり，v_B と同じ速さになります。

$$v_B = v_D = \sqrt{2g(h_A - h_B)}, \quad v_C = v_E = \sqrt{2gh_A} \quad \text{答}$$

8 振り子と力学的エネルギーの保存

次に振り子の運動について見ていきます。50円玉の穴に糸を通して，振り子をつくってみましょう。振り子を揺らしてみると，ユラ～，ユラ～。なんだか眠くなってきますが，寝てはいけませんよ！ **この振り子の運動においても力学的エネルギー保存の法則は成り立ちます。**

振り子には**図3-15**のように，重力のほかに**外力である張力 T がはたらきます**。この場合，外部からほかの力がはたらいているので，力学的エネルギーは保存されるようには思えません。

しかし，**張力 T の仕事はゼロ**です。なぜかというと，**振り子の運動に対して，張力 T はいつも垂直にはたらく**ためです。

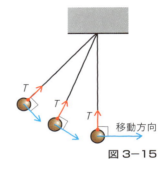

図3-15

ジェットコースターの場合の，垂直抗力と同じですね。このため，**力学的エネルギーは保存される**のです。

振り子の問題でよく問われるものの1つに，速さが最大になる最下点の速さ v_{max} があります。次の問題を通して，計算してみましょう。

例題

長さ L の糸についたおもりを持ち上げ，角度 θ の A 点から手をはなします。最下点 B を通るときの，おもりの速さを求めなさい。

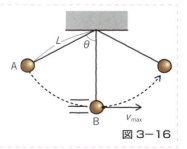

図3-16

ここで，エネルギー保存の法則に関する問題を解く場合に便利な，「**エネルギー保存の3ステップ解法**」について紹介しましょう。この3ステップさえ覚えてしまえば，どんな問題にも対応できます。

エネルギー保存の3ステップ解法 ココに注目！

ステップ1 絵をかき，「はじめの状態」と「あとの状態」を決める

ステップ2 力学的エネルギーをそれぞれかき出す

ステップ3 仕事を加えてエネルギー保存の式をつくる

ステップ1 絵をかき，「はじめの状態」と「あとの状態」を決める

エネルギーに関する問題は，はじめの状態とあとの状態の力学的エネルギーを比較しながら等式をつくっていきます。そのため，はじめにどの2つの状態に注目するのかを決めてしまいます。

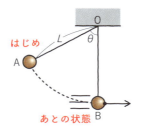

図3-17

この例題では，Aを「はじめ」，Bを「あと」としましょう。

ステップ2 力学的エネルギーをそれぞれかき出す

力学的エネルギーには，運動エネルギー，位置エネルギー，弾性エネルギーの3種類があります。このなかで，弾性エネルギーは，ばねやゴムが出てきたときに使います。今回の問題では，ばねは登場しないので，弾性エネルギーは無視します。それでは，力学的エネルギーを見つけていきます。

A（はじめの状態）

「はじめ」の状態ではおもりは静止しているため，運動エネルギーはありません。今回の問題の，いちばんのポイントは位置エネルギーです。このときの位置エネルギーを求めましょう。

このような問題では，図3-18のように，Bを基準としたときのAの高さがわかれば，Aの位置エネルギーを求めることができます。そこで右側の図のように，AからBの糸に向かって水平に補助線をのばし，交点をPとします。直角三角形OAPに注目すると，OPの長さは$L\cos\theta$になることがわかります。

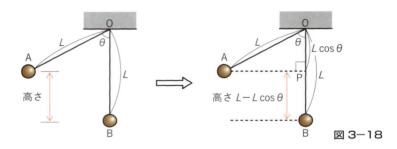

図3-18

よって，Aの最下点からの高さは，図より
　　高さ＝OB－OP＝$L-L\cos\theta$
　　　　　＝$L(1-\cos\theta)$
となります。よって位置エネルギーは$mgL(1-\cos\theta)$となります。このことから力学的エネルギーは，以下のようになります。

　　　　運動エネルギー　＋　位置エネルギー
　　　　　　0　　　　　＋　$mgL(1-\cos\theta)$

B（あとの状態）

次に「あと」の状態Bの力学的エネルギーを見ていきましょう。おもりは最下点にきて運動をしていますが，おもりの高さは0になっています。
　よって，力学的エネルギーは以下のようになります。

　　　　運動エネルギー　＋　位置エネルギー
　　　　$\dfrac{1}{2}mv_{max}^2$　　　＋　　　　0

ステップ3 仕事を加えてエネルギー保存の式をつくる

振り子の張力の場合は、仕事がゼロでしたね。つまり仕事は考える必要がありません。

点Aと点Bのエネルギーの保存より

$$\boxed{\text{A はじめの力学的エネルギー}} + \text{仕事} = \boxed{\text{B あとの力学的エネルギー}}$$

$$mgL(1-\cos\theta) \quad + \quad 0 \quad = \quad \frac{1}{2}mv_{max}^2$$

となります。この数式を見ればわかるように、力学的エネルギーはこのとき保存されています。この式をv_{max}について解けば、答えが求められます。

$$\frac{1}{2}mv_{max}^2 = mgL(1-\cos\theta)$$

$$v_{max}^2 = 2gL(1-\cos\theta)$$

$$\boldsymbol{v_{max} = \sqrt{2gL(1-\cos\theta)}} \quad \text{答}$$

練習問題

長さlの糸におもりをつけて、図のように鉛直から60°まで持ち上げてから静かにはなすと、点Bでおもりは最高速度となり、点Cをある速度で通過しました。点Cを通過するときの速さを求めなさい。ただし、重力加速度の大きさをgとします。

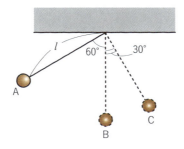

解答・解説

「エネルギー保存の3ステップ解法(p.151)」を使って解きましょう。

ステップ1 絵をかき,「はじめの状態」と「あとの状態」を決める

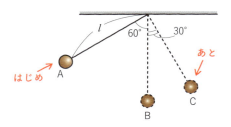

ステップ2 力学的エネルギーをそれぞれかき出す

Bを位置エネルギーの基準として「はじめ」と「あと」の力学的エネルギーをかき出してみましょう。

A(はじめの状態)

はじめの状態ではおもりは動いておらず,「位置エネルギー」だけをもっています。最下点Bからの高さは,次の図より $l - l\cos 60° = l(1 - \cos 60°)$ となり,そのときの位置エネルギーは $mgl(1 - \cos 60°)$ となります。

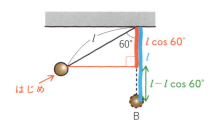

運動エネルギー ＋ 位置エネルギー
　　0　　　　　＋　$mgl(1 - \cos 60°)$

C（あとの状態）

あとの状態では，おもりは「運動エネルギー」と「位置エネルギー」の2つのエネルギーをもっています。「はじめ」のときと同じように位置エネルギーを求めると，図より $mgl(1-\cos 30°)$ となります。またこのときの速さを v とすると，運動エネルギーは $\dfrac{1}{2}mv^2$ となります。このことから力学的エネルギーは次のようになります。

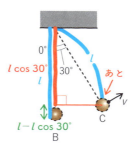

運動エネルギー ＋ 位置エネルギー

$\dfrac{1}{2}mv^2$ ＋ $mgl(1-\cos 30°)$

ステップ3 仕事を加えてエネルギー保存の式をつくる

おもりにはたらく外力は張力のみです。ただし，張力のする仕事はゼロなので，力学的エネルギーは保存されます。

| A はじめの力学的エネルギー | ＋ | 仕事 | ＝ | B あとの力学的エネルギー |

$mgl(1-\cos 60°)$ ＋ 0 ＝ $\dfrac{1}{2}mv^2 + mgl(1-\cos 30°)$

これを v について解くと，答えが求められます。

$\cos 60° = \dfrac{1}{2}$, $\cos 30° = \dfrac{\sqrt{3}}{2}$ なので

$$mgl(1-\cos 60°) = \dfrac{1}{2}mv^2 + mgl(1-\cos 30°)$$

$$\dfrac{1}{2}mgl = \dfrac{1}{2}mv^2 + mgl\left(\dfrac{2-\sqrt{3}}{2}\right)$$

$$mgl = mv^2 + mgl(2-\sqrt{3})$$

$$mv^2 = mgl - mgl(2-\sqrt{3})$$

$$= mgl(\sqrt{3}-1)$$

$$v = \sqrt{gl(\sqrt{3}-1)} \quad \text{答}$$

❾ ばねの運動と力学的エネルギーの保存

　最後に，ばねの運動について見ていきましょう。ばねの先端に物体をつけた運動では，次のような特徴があります。問題を解くときに使えるので，必ず覚えておきましょう。

> **Point!**
>
> | ばねの運動の特徴 |
>
> ・振動の中心を通るとき，物体の速さは最大になるので運動エネルギーも最大になる
> ・物体は両端でいったん静止し，弾性エネルギーが最大になる。

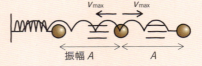

　次ページの図3-19のように，水平にばねを置いて，おもりをばねにとりつけます。そして，おもりを自然の長さよりもある距離だけ引っ張って手をはなすと，ばねは①〜⑤のように振動します。

Theme 3　エネルギーの保存　157

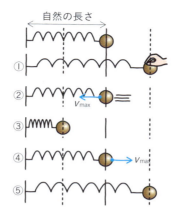

図 3-19

　中心で最も速くなって，両端で止まるんだね。

さあ，このような運動での，おもりの最高速度を求めてみましょう。

例題

図 3-20のように，ばね係数 k のばねに固定された質量 m のおもりを，自然の長さからある距離 x だけ引っ張り，手をはなしました。自然の長さを通るときの，おもりの速さ v を求めなさい。床とおもりとの摩擦は無視できるものとします。

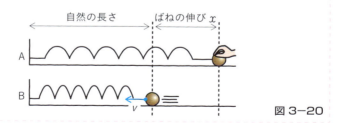

図 3-20

今までと同じように，「エネルギー保存の3ステップ解法(p.151)」を使って解いてみましょう。

ステップ1　絵をかき，「はじめの状態」と「あとの状態」を決める

Aの状態を「はじめ」，Bの状態を「あと」とします。

158　*Chapter_1*　力学

ステップ2　力学的エネルギーをそれぞれかき出す

A（はじめの状態）

Aの状態では，おもりは止まっているので，運動エネルギーはありません。また高さは変化していないので，位置エネルギーも考えません。ばねは x だけ伸びています。このときの弾性エネルギーは $\frac{1}{2}kx^2$ となり，これが力学的エネルギーになります。

B（あとの状態）

次にBの状態では，物体は速度 v で動いていますが，ばねは伸びても縮んでもいないので，弾性エネルギーはもっていません。よって，このときの力学的エネルギーは運動エネルギーのみで，$\frac{1}{2}mv^2$ となります。

ステップ3　仕事を加えてエネルギーの保存の式をつくる

おもりにはたらく外力は，垂直抗力とばねの力以外ありません。垂直抗力は，おもりの移動方向と垂直の向きにはたらくので，垂直抗力のする仕事はゼロです。ばねの力の仕事は弾性エネルギーとしてカウントをしているため，全体の仕事はゼロです。

エネルギーの保存より

$$\boxed{\text{はじめの力学的エネルギー}} \quad + \quad \text{仕事} \quad = \quad \boxed{\text{あとの力学的エネルギー}}$$

$$\frac{1}{2}kx^2 \qquad + \qquad 0 \quad = \qquad \frac{1}{2}mv^2$$

この数式を v について解くと，答えが求められます。

$$\frac{1}{2}mv^2 = \frac{1}{2}kx^2$$

$$v^2 = \frac{k}{m}x^2$$

$$v = \sqrt{\frac{k}{m}}\,x \quad \text{答}$$

練習問題

　下の図のように，ばね定数 k のばねの一端を固定して，他端に質量 m の物体をおいてバネを l だけ押し縮めます。静かに手をはなすと，物体はばねによって押されたあと，ばねが自然長になったところで，ばねからはなれて斜面をのぼりました。

　床面はなめらかなものであるとし，重力加速度の大きさを g とします。また，水平面を重力による位置エネルギーの基準とします。このとき，物体の最高点の水平面からの高さを求めなさい。

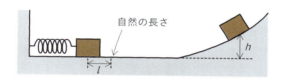

解答・解説

　「エネルギー保存の3ステップ解法(p.151)」を使って問題を解きましょう。

ステップ1　絵をかき，「はじめの状態」と「あとの状態」を決める

　「はじめ」の状態はばねを縮めた状態（A），「あと」の状態は物体が斜面をのぼって最高点に達したときの状態（B）とします。

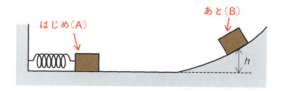

ステップ2　力学的エネルギーをそれぞれかき出す

　A（はじめの状態）

　はじめの状態では，ばねが l 縮んでいますが，運動はしていませんし，高さもありません。

160　*Chapter_1*　力学

運動エネルギー	+	位置エネルギー	+	弾性エネルギー
0	+	0	+	$\dfrac{1}{2}kl^2$

B（あとの状態）

あとの状態では，ばねからは離れており，運動もしていませんが，高い位置に達しています。このときの床からの高さを h とします。

運動エネルギー	+	位置エネルギー	+	弾性エネルギー
0	+	mgh	+	0

ステップ3　仕事を加えてエネルギー保存の式をつくる

外力は垂直抗力以外はたらいていません。垂直抗力のする仕事は0です。

A はじめの力学的エネルギー	+	仕事	=	B あとの力学的エネルギー
$\dfrac{1}{2}kl^2$	+	0	=	mgh

この数式を h について解くと，答えが求められます。

$$mgh = \frac{1}{2}kl^2$$

$$h = \frac{kl^2}{2mg} \quad \text{答}$$

≫ 2. 外部の力の仕事とエネルギーの変化

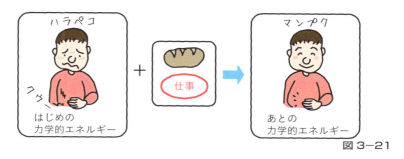

図3-21

　ここまでは，外力が進行方向に垂直にはたらくために，仕事をせず，力学的エネルギーが保存される場合を扱いました。しかし，進行方向と垂直ではない外力がはたらけば，力学的エネルギーは保存されません。簡単な実験をしてみましょう。コインなど手近なものを机に置いて，滑らせてみてください。

当然，いくらか滑って止まるね。

　このように物体を摩擦のある場所で滑らせた場合，いつか止まってしまいます。これを力学的エネルギーの観点から考えると，**はじめにもっていた運動エネルギーが，図3-22のように消えてしまった**ことになります。

図3-22

　高さは変わっていないので，位置エネルギーは増えていません。また，ばねも存在しないので，弾性エネルギーに変わったわけでもありません。エネルギー保存の法則によれば，エネルギーがどこかに消えてしまうことはないはずですが，いったいどこに行ってしまったのでしょうか？

物体には摩擦力がはたらいていますから，これが何か関係していますか？

　するどい！　実はこのとき物体は床と接しており，滑っている間，床から摩擦力を受け続けます。**はじめにもっていた「運動エネルギー」は，この「摩擦力の負の仕事」によって，0 になってしまった**のです。

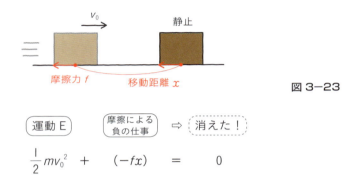

図3-23

$$\frac{1}{2}mv_0^2 + (-fx) = 0$$

（運動E） ＋ （摩擦による負の仕事） ⇒ 消えた！

　この式の左辺の $(-fx)$ を右辺に移動させると，次のようになります。

$$\frac{1}{2}mv_0^2 = fx$$

（運動E） ⇒ （摩擦による仕事）

　右辺の fx は，**摩擦熱**になります。この式は，**運動エネルギーが熱エネルギーに変わった**ことを示しています。消しゴムをこすったあとに手で触ると温かくなっていますが，これが摩擦熱です。このように力学的エネルギーは保存されなくても，仕事まで含めて考えれば，エネルギー保存の法則は成り立っているのです。

　それでは，摩擦力などの外力がはたらいた場合でも，エネルギーの式をつくれるようにトレーニングしていきましょう。

例題

粗い水平面の上で，点 A にある質量 m の物体に，水平方向右向きに初速度 v_0 を与えた。この物体はしだいに速度が遅くなり，距離 l だけ離れた点 B を速さ $\dfrac{v_0}{2}$ で通過した。このときの摩擦力の大きさを求めなさい。

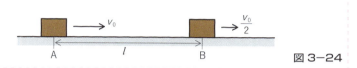

図3-24

外力がはたらいていたとしても，「エネルギー保存の3ステップ解法 (p.151)」が有効です。3ステップ目に注目しながら，問題を解いていきましょう。

ステップ1　絵をかき，「はじめの状態」と「あとの状態」を決める

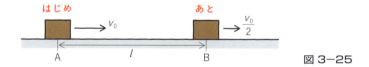

図3-25

ステップ2　力学的エネルギーをそれぞれかき出す

A（はじめの状態）

はじめの状態は速度 v_0 で運動しています。水平面上なので位置エネルギーは無視，また，ばねはついていないので，弾性エネルギーは考えません。

$$\text{運動エネルギー} \quad + \quad \text{位置エネルギー}$$
$$\dfrac{1}{2}mv_0^2 \quad\quad + \quad\quad 0$$

164　*Chapter_1*　力学

B（あとの状態）

あとの状態では物体は $\frac{1}{2} v_0$ で水平方向右向きに運動しています。

$$\text{運動エネルギー} \quad + \quad \text{位置エネルギー}$$

$$\frac{1}{2} m \left(\frac{1}{2} v_0 \right)^2 \quad + \qquad 0$$

ステップ3　仕事を加えてエネルギー保存の式をつくる

　物体には，つねに移動方向と逆向きに摩擦力がはたらいています。移動方向と逆向きの力がする仕事は，マイナスになるんでしたね（p.136）。摩擦力の大きさを F とすると，距離 l の間だけ摩擦力をはたらかせたので，摩擦力のした仕事は $-Fl$ となります。

　このことからエネルギー保存の式をつくると，次のようになります。

$$\boxed{\text{A はじめの力学的エネルギー}} \quad + \quad \boxed{\text{仕事}} \quad = \quad \boxed{\text{B あとの力学的エネルギー}}$$

$$\frac{1}{2} m v_0^2 \qquad\qquad + \quad (-Fl) \quad = \qquad \frac{1}{2} m \left(\frac{1}{2} v_0 \right)^2$$

これを F について解くと，答えが求められます。

$$\frac{1}{2} m v_0^2 + (-Fl) = \frac{1}{2} m \left(\frac{1}{2} v_0 \right)^2$$

$$Fl = \frac{1}{2} m v_0^2 - \frac{1}{8} m v_0^2$$

$$Fl = \frac{3}{8} m v_0^2$$

$$F = \frac{3 m v_0^2}{8 l} \quad \text{答}$$

　このように外力が仕事をする問題でも，落ち着いて3ステップの順に仕事を足したり引いたりしていけば，簡単に解くことができますよ。

練習問題

質量 m の球を次の図のような斜面上で，高さ h_A の点 A から転がしました。球は A，B，C と移動し，点 C で一瞬静止したあと，斜面をおりていきました。右側の斜面上にのみ摩擦力がはたらくものとし，床面と摩擦のある斜面のなす角を θ，動摩擦係数を μ'，重力加速度を g とします。下の(1)，(2)に答えなさい。

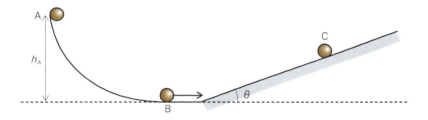

(1) 点 B を通るときの速さを求めなさい。
(2) 点 C の高さを求めなさい。

解答・解説

(1)「エネルギー保存の3ステップ解法(p.151)」を使いながら解きましょう。

ステップ1 絵をかき，「はじめの状態」と「あとの状態」を決める

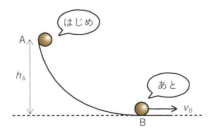

(1)を解くときには，「はじめ」は点 A，「あと」は点 B としましょう。

166　*Chapter_1*　力学

ステップ2　力学的エネルギーをそれぞれかき出す

A（はじめの状態）

　点 A では，球は静止しているので，運動エネルギーは 0 です。高さ h_A のところにいるので，位置エネルギーをもっています。このことから，力学的エネルギーは次のようになります。ばねはついていないので，弾性エネルギーは考えなくてよいです。

運動エネルギー　＋　位置エネルギー

0 　　　＋　　mgh_A

B（あとの状態）

あとの状態では，球は運動しています。このときの速さを v_B としました。

運動エネルギー　＋　位置エネルギー

$\dfrac{1}{2}mv_B^2$ 　　　＋　　0

ステップ3　仕事を加えてエネルギー保存の式をつくる

　問題文には，「右側の斜面上にのみ摩擦力がはたらく」とあるので，（I）では，球には垂直抗力以外の外力ははたらきません。また，垂直抗力はつねに移動方向と垂直にはたらいているため，その仕事は 0 でした。

$$\boxed{\text{A はじめの力学的エネルギー}} \; + \; \boxed{\text{仕事}} \; = \; \boxed{\text{B あとの力学的エネルギー}}$$

mgh_A 　　　　＋　　0　　＝　　$\dfrac{1}{2}mv_B^2$

　これを v_B について解くと，答えが求められます。

$$\frac{1}{2}mv_B^2 = mgh_A$$

$$v_B^2 = 2gh_A$$

$$\boldsymbol{v_B = \sqrt{2gh_A}}\quad \text{答}$$

(2) (1)と同様に,「エネルギー保存の3ステップ解法(p.151)」を使って,解いていきましょう。求めたい点Cの高さをh_Cとおきます。

ステップ1 絵をかき,「はじめの状態」と「あとの状態」を決める

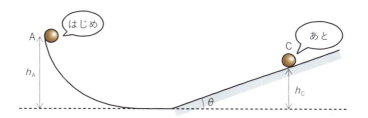

ここでは点Aを「はじめ」,点Cを「あと」とおきました。
(ただし,点Bを「はじめ」としても問題を解くことはできます。)

ステップ2 力学的エネルギーをそれぞれかき出す

「はじめ」の点Aの力学的エネルギーは,すでに(1)で求めてあります。「あと」の点Cについて求めましょう。

C(あとの状態)

点Cで球は最高点に達して,瞬間的に静止するため,運動エネルギーをもっていません。よって,位置エネルギーのみになります。

運動エネルギー	＋	位置エネルギー
0	＋	mgh_C

ステップ3 仕事を加えてエネルギー保存の式をつくる

 右側の斜面上を移動しているとき，球は次の図のように外力(摩擦力)を受けています。よって，点Cに到達する前に，球は摩擦力のする負の仕事によってエネルギーを失っています。

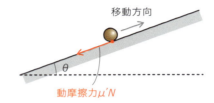

 このとき，摩擦力のする仕事について求めてみましょう。このときの摩擦力は動摩擦力です。動摩擦力の大きさは，その公式から$\mu'N$で，移動方向と逆向きなので−をつけます。つまり摩擦力のする仕事は，移動距離をxとすると

$$\text{摩擦力のする仕事} = \boxed{F}\ x$$
$$\uparrow$$
$$-\mu'N$$

となります。ここでNやxは問題文には出てきませんので，問題文に出てくる記号で置き換える必要があります。

☆Nの置き換え

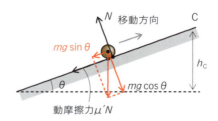

 力をすべてかき，重力を分解すると上の図より，斜面に対して垂直方向の力は「力のつり合い」から，$N=mg\cos\theta$となりました。この式のNを動摩擦力$\mu'N$に代入すると，$\mu'(mg\cos\theta)$となります。

☆ x の置き換え

移動距離 x は，次の図のような直角三角形であることに注目します。

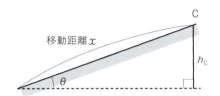

h_C を，x を用いて表すと　　$h_C = x \sin\theta$

x について解くと　　$x = \dfrac{h_C}{\sin\theta}$

よって　　摩擦力の仕事 $= \boxed{F} \quad x$
　　　　　　　　　　　　　　　↑　　　↑
　　　　　　　　　　　　$-\mu' mg(\cos\theta)$　$\dfrac{h_C}{\sin\theta}$

$$= -\mu' mgh_C \dfrac{\cos\theta}{\sin\theta}$$

$$= -\dfrac{\mu' mgh_C}{\tan\theta} \quad \left(※ \ \dfrac{\sin\theta}{\cos\theta} = \tan\theta\right)$$

これらから，エネルギーの保存の式をつくります。

$\boxed{\text{A はじめの力学的エネルギー}} + \boxed{\text{仕事}} = \boxed{\text{C あとの力学的エネルギー}}$

$$mgh_A \quad + \left(-\dfrac{\mu' mgh_C}{\tan\theta}\right) = \quad mgh_C$$

この式を h_C について解きましょう。

$$mgh_A - \dfrac{\mu' mgh_C}{\tan\theta} = mgh_C$$

$$mgh_C + \dfrac{\mu' mgh_C}{\tan\theta} = mgh_A$$

$$h_C\left(1 + \dfrac{\mu'}{\tan\theta}\right) = h_A$$

$$h_C\left(\dfrac{\tan\theta + \mu'}{\tan\theta}\right) = h_A$$

$$h_C = \dfrac{\tan\theta}{\tan\theta + \mu'} h_A \quad$$

≫ Theme 3 のその他の知識
❶ 仕事率

たとえば 10 秒で 600 J の仕事をする機械 A と，60 秒で 600 J の仕事をする機械 B があるとします。あなたはどちらがほしいですか。

そりゃ機械 A でしょ～

仕事の効率のよさを比較するときに便利なのが，**仕事率**という物理量です。仕事率は次のように定義されています。

$$P = \frac{W}{t} \,(\text{W})$$

$$仕事率 = \frac{仕事}{かかった時間}$$

仕事率の単位には **W（ワット）** を用います。この定義式を見るとわかるように，仕事率 1 W とは，1 秒間で 1 J の仕事をすることを示します。

仕事率を使って，機械 A と機械 B の効率のよさを計算してみましょう。機械 A の仕事率を計算すると，600 J ÷ 10 秒 = 60 W です。また機械 B の仕事率は 600 J ÷ 60 秒 = 10 W となります。機械 A のほうが 6 倍，機械 B よりも効率がよいことがわかりますね。

ちなみに，ヘアードライヤーなどを見ると「電力○○ W」などとかかれていますが，これも仕事率と同じワットという単位です。この数字が大きな家電ほど，同じ時間でたくさん仕事をする（＝たくさんの電気エネルギーを使う）ことを示しています。

❷ 仕事の原理

2 m の高さの場所に 5 kg の荷物を運ぶ場合を考えます。ここで 2 つの方法を示します。方法❶は単に荷物にヒモをつけて、ヒモを引っ張って持ち上げるというものです。方法❷は、傾きが 30°のなめらかな斜面にそって荷物を押すというものです。さて、どちらの方法が、小さな仕事ですむでしょうか。

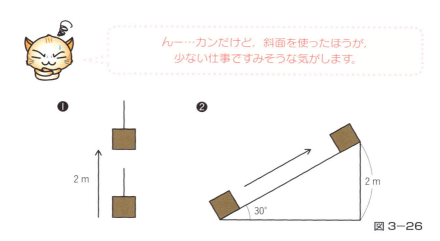

図 3-26

たしかに、なんとなく斜面を使ったほうがラクな気がしますよね。では、実際に仕事を計算してみましょう。重力加速度 g の値は 10 m/s² とします。

何も道具を使わない場合、物体にはたらく重力は $mg = 5 \times 10 = 50$ 〔N〕。この力を上向きに加えて、高さ 2 m の位置まで運ぶときの仕事は

計算すると、100 J となりますね。次に斜面を使った場合について計算しましょう。

斜面上の物体にはたらく重力の斜面方向の成分は p.168 の下の図より $mg \sin\theta$ なので、$5 \times 10 \times \sin 30° = 25$〔N〕となります。たしかに斜面の上を引きずりながら荷物を運ぶほうが、加える力は 0.5 倍となり、ラクになりましたね。

この荷物を 2 m の高さまで運ぶためには，**図 3-27** のように，4 m の距離だけ動かす必要があります。$\sin 30° = \dfrac{1}{2}$ なので，斜面：高さ＝2：1 になるのです。

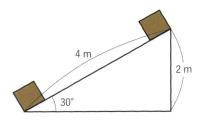

図 3-27

　このことから仕事を求めてみましょう。

$$W = F \quad x$$
$$\underset{25}{\uparrow} \quad \underset{4}{\uparrow}$$

計算すると，100 J となります。

えー！　結局変わらないんですね！

　そうなんです。直接的に持ち上げた場合も，斜面という道具を使った場合も，した仕事は同じになりました！　このように，**どんな道具を使っても必要な仕事の量は変化しない**ことを「**仕事の原理**」といいます。
　ラクな道はない，というのが仕事の原理からわかりますね。ただし，斜面を使えば，小さな力でものを動かすことができる，というのは利点です。その分，運ぶ距離は長くなりますけどね。

Chapter 1 共通テスト対策問題

大学入学共通テストでは，実験データを扱った問題や，その解析方法・考察に関する問題など，今までよりも実験に関係する多くの問題が出題されます。それらの問題を解くためには，この参考書の中にかかれている物理量のもつ意味などの，基礎知識をしっかりと抑えることが大切です。

その上で，実験で得られたデータを，グラフなどに表して，規則性を探したり，考えたりすればよいのです。実際にどのような問題なのか，大学入学共通テストの試行問題に挑戦してみましょう。

1

斜面上に置いた質量 0.500 kg の台車に記録テープの一端を付け，そのテープを 1 秒間に点を 50 回打つ記録タイマーに通す。記録タイマーのスイッチを入れ，台車を静かに放したところ，斜面に沿って動き出し，図1のような打点がテープに記録された。重なっていない最初の打点をPとし，その打たれた時刻を $t=0$ とする。打点Pから 5 打点ごとに印をつけ，その間隔 d を測定した。

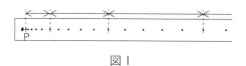

図1

問1 ある区間での測定値は $d = 0.1691$ m であった。この区間における平均の速さとして最も適当なものを，次の①〜⑧のうちから一つ選べ。□ m/s

① 0.169　② 0.313　③ 0.714　④ 0.816
⑤ 1.69　⑥ 3.38　⑦ 4.08　⑧ 8.16

測定結果をもとに各区間の平均の速さ v を求め，時刻 t との関係を点で記すと，図2のようになり，直線を引くことができた。

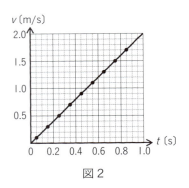

図2

問2 図2の直線から台車の加速度の大きさを求めるといくらになるか。最も適当なものを，次の①〜⑥のうちから一つ選べ。
□ m/s^2
① 0.196 ② 0.980 ③ 1.69
④ 1.96   ⑤ 4.90   ⑥ 9.80

（大学入学共通テスト試行調査）

解答・解説

問1 記録タイマーはテープに高速に打点を記録することができる装置です。問題文より,今回使用した記録タイマーでは1秒で50回打点をテープに打つことができます。テープを止めておけば,次の図のように同じところに何度も印をつけるため,打点が重なって記録されます。

また,テープを左向きに引っ張って動かすと,打点が異なる位置に記録されます。

速く動かせば,打点の間隔は大きくなります。

問題に戻ると,図1のテープは台車によって引っ張られていて,打点の間隔が少しずつ大きくなっていく,つまり台車が速くなっていく様子が記録されていることが読み取れます。1秒で50回打つ点ということから,1打点が $\frac{1}{50}$ 秒であるので,次の図のように5打点でまとめた1区間での時間は

$$\frac{1}{50} 秒 \times 5 = 0.1 〔秒〕$$

となります。

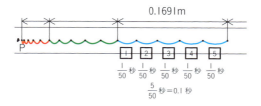

よって，ある区間の長さが 0.1691 m のとき，この区間の平均の速さは

$$v = \frac{x}{t}$$
$$= \frac{0.1691}{0.1}$$
$$= 1.691 \text{ (m/s)}$$

となります。

問2 v-t グラフの傾きは加速度の大きさを示します（p.23 参照）。そこでグラフの傾きを求めましょう。

次の図のように，どこでもよいので値が読めそうな 2 点を見つけて，t の増加量と v の増加量を調べて，グラフの傾き（加速度）を計算しましょう。

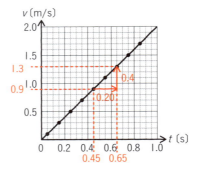

$$a = \frac{0.4}{0.2} = 2 \text{ (m/s}^2\text{)}$$

となります。この数字にもっとも近いのは，④ 1.96 ですね。

2

重力加速度の大きさが a の惑星で，惑星表面からの高さ h の位置から，物体を鉛直上向きに速さ v_0 で投げた。惑星の大気の影響は無視できるものとする。

問3 図3は物体の位置と時刻の関係を示したものである。Rで物体にはたらく力の向きと大きさを図4のオのように示すとき，P, Q, Sで物体にはたらく力の向きと大きさを示す図は，それぞれ図4のア〜カのどれか。その記号として最も適当なものを，下の①〜⑥のうちから一つずつ選べ。ただし，同じものを繰り返し選んでもよい。

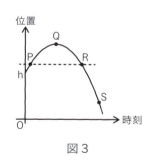

図3

図4

① ア　　　② イ　　　③ ウ
④ エ　　　⑤ オ　　　⑥ カ

問4 投げ上げられた物体は惑星表面に落下した。惑星表面に達する直前の物体の速さ v を表す式として正しいものを，次の①〜⑥のうちから一つ選べ。

① $\sqrt{v_0^2 + 2ah}$　　② $\sqrt{v_0^2 + ah}$　　③ $\sqrt{v_0^2 + \frac{1}{2}ah}$

④ $\sqrt{v_0^2 - 2ah}$　　⑤ $\sqrt{v_0^2 - ah}$　　⑥ $\sqrt{v_0^2 - \frac{1}{2}ah}$

（大学入学共通テスト試行調査）

解答・解説

問3「力の見つけ方の3ステップ（p.74）」で考えてみましょう。

ステップ1 絵をかいて，注目する物体になりきる
ステップ2 重力をかく
ステップ3 触れてはたらく力をかく

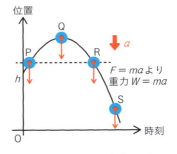

P・Q・R・Sのどの位置でも，投げ出された物体は他の物体に触れていないため，ステップ2の重力以外の力は受けません。なお，大気の影響は無視できるものとすると問題文に書かれているため，空気にも触れていないので，空気抵抗もありません。

また，この惑星の重力加速度の大きさが a であることから，どの位置でも重力の大きさ W は，運動方程式 $F=ma$ より

　　重力 $W = ma$

です。これらのことから，位置Rが「オ」なので，他のP・Q・Sの位置でも同じ大きさで「オ」となります。

なお，この問題には速度と力の違いがわかっているかを確認する意図がかくされているようです。

P ⑤，Q ⑤，S ⑤

問4 重力以外の力がはたらいていないため，力学的エネルギーは保存します。「エネルギーの保存の3ステップ解法（p.151）」から，地面に到達する直前の速さを求めてみましょう。

ステップ1 絵をかき，「はじめの状態」と「あとの状態」を決める

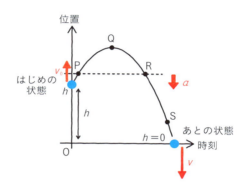

ステップ2 力学的エネルギーをそれぞれかき出す

投げた直後の力学的エネルギーは高さが h，初速度が v_0 ということから

$$mah + \frac{1}{2}mv_0^2$$

となります。なお，位置エネルギーの公式 mgh の重力加速度 g を，加速度 a に換えています。

また，落下直前の物体の力学的エネルギーは，高さが0，速さが v ということから，

$$ma \cdot 0 + \frac{1}{2}mv^2 = \frac{1}{2}mv^2$$

となります。

ステップ3 仕事を加えてエネルギー保存の式をつくる

この運動では重力以外，外から力がはたらかないため，仕事はありません（力学的エネルギーは保存します）。

$$mah + \frac{1}{2}mv_0^2 + 0 = \frac{1}{2}mv^2$$

はじめの力学的エネルギー＋仕事＝あとの力学的エネルギー
この式をvについて解くと，
$$v = \sqrt{v_0^2 + 2ah}$$
よって答えは①ですね。 ①

3

下の文章中の空欄 ☐ に入れる語句または記号として最も適当なものを，それぞれの直後の｛　｝で囲んだ選択肢のうちから一つずつ選べ。

図

図のように，大気のない惑星にいる宇宙飛行士の上空を，宇宙船が水平左向きに等速直線運動して通過していく。このとき宇宙船は，等速直線運動をするためにロケットエンジンから燃焼ガスを

　① 水平右向きに噴射していた。
　② 斜め右下向きに噴射していた。
　③ 鉛直下向きに噴射していた。
　④ 噴射していなかった。

（大学入学共通テスト試行調査　一部改変）

解答・解説
　宇宙船は空を飛んでいます。「力の見つけ方の3ステップ (p.74)」より、大気がなく空気抵抗がなければ、宇宙船にはたらく力は重力のみです。

───────────

　この宇宙船が等速直線運動をしているということは、宇宙船にはたらく力がつり合っている（力が残らない）はずなので（p.68参照）、重力と反対向きの上向きで、同じ大きさの力が必要です。そのため鉛直下向きに燃料ガスを噴出し、そのガスを噴出したときの反作用力で上向きの力を出しています。　　　　　　　　　　　　　　　　　　　　③　**答**

───────────

　宇宙船が左に動いているので、直感的には左向きに力が必要と感じるかもしれませんが、空気抵抗がなければ、等速で動く宇宙船には左向きの力は必要ありません。なお、もしこの状態で左向きの力がはたらくと、宇宙船は等速直線運動ができずに、左向きに加速してしまいます。

④

力士と高校生が相撲を取る催しがあった。図1のように二人が向かい合って立ち，水平に押し合ったところ，二人とも動かなかった。図には，二人にはたらいた力のうち，水平方向の力のみを示した。ただし，図の矢印は力の向きのみを表している。

下の文章中の空欄 1 ・ 2 に入れる語句として最も適当なものを，それぞれの直後の { } で囲んだ選択肢のうちから一つずつ選べ。

図1

二人にはたらいた水平方向の力を考える。高校生から力士にはたらいた力の大きさを F_1，力士から高校生にはたらいた力の大きさを F_2，力士の足の裏にはたらいた摩擦力の大きさを f_1，高校生の足の裏にはたらいた摩擦力の大きさを f_2 とする。F_1 と F_2 について考えると，

1
① 高校生が重い力士を押しているので，$F_1 > F_2$
② 力士の方が強いので，$F_1 < F_2$
③ 作用反作用の関係にあるので，$F_1 = F_2$
④ つりあいの関係にあるので，$F_1 = F_2$

が成り立つ。

このとき，高校生が水平方向に動かなかったのは，

$\boxed{2}$
① $f_2<F_2$ を満たす力で力士が押した
② $f_2>F_2$ を満たす摩擦力がはたらいた
③ 作用反作用の関係により，$f_2=F_2$ が成り立っていた
④ $f_2=F_2$ が満たされ，力がつりあっていた

からである。

（大学入学共通テスト試行調査）

解答・解説

「力の見つけ方の3ステップ（p.74）」を使って考えていきましょう。

ステップ1 絵をかいて，注目する物体になりきる

この問題には図があるので，図1を見てみましょう。図1には，力士と高校生が触れてはたらく力と，触れている床との摩擦力がかかれています。これは，ともに水平方向にはたらく力です。

ステップ2 重力をかく

ステップ3 触れてはたらく力をかく

図1にかかれている力以外に，重力と，触れている床からの垂直抗力を加えます。これらはともに鉛直方向にはたらく力です。

このように，力士と高校生にはたらく力を，それぞれ分けてかいてみると答えがはっきりしますね。

$\boxed{1}$ F_1 は高校生が力士を押す力，F_2 は力士が高校生を押す力です。F_1 と F_2 はそれぞれ作用反作用の関係にあります。　　　③ **答**

2　高校生にはたらく力を見てみましょう。高校生が鉛直方向に動かないのは，高校生にはたらく重力と垂直抗力がつり合っているためです。また，水平方向に動かないのは力士が高校生を押す力 F_2 と摩擦力 f_2 がつり合っているためです。　　　　　　　　　　　④　答

Point!

作用力・反作用力，力のつり合い

・作用力と反作用力は，2つの物体，それぞれの立場になると見える。
・力のつり合いは，1つの物体の中で成り立っている。

Theme 4
熱量の保存

　物理基礎における熱力学分野は，温度と熱量の違いなど，**物理用語の正しい理解**と，熱力学も含めた**エネルギー保存の法則を使いこなす**ことが重要です。それぞれ順番に見ていきましょう。

❶ 熱運動と温度の関係

熱ってそもそも何なの？
よく「熱がある」とか，「熱をもっている」とかいうよね。

　分子や原子は，つねに激しくさまざまな方向へ運動しています。この運動を**熱運動**といいます。ブラウンという科学者は，19世紀のはじめに，花粉の中から流出した微粒子が，水中で不規則に細かく振動していることを発見しました。これを**ブラウン運動**といいます。ブラウン運動は，花粉の微粒子のまわりにある水分子が，熱運動によって花粉に衝突するために起こっている現象でした。

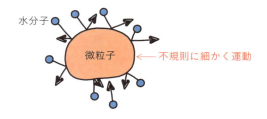

図4-1

　日常生活で目にする水は**液体**の状態です。その水を冷凍庫で冷やせば**固体**（氷）になります。また，ヤカンに入れて熱すれば，**気体**（水蒸気）になります。水に限らず**すべての物質は，このように固体・液体・気体の3つの状態をとります**。これを**物質の三態**といいます。たとえば固体の状態しか目にしない鉄も，1500℃まで熱していけば液体になります。

3つの状態の熱運動の様子を示したのが，**図4-2**です。固体の物体は，熱運動しているように見えないかもしれませんが，**ミクロで見るとその場でわずかに振動をしています。**液体の状態では，分子間の距離は固体よりも大きく，熱運動も活発になります。**気体の状態では**，分子間の距離が液体よりもさらに大きくなり，**分子は空間を大きな速度で飛びながら移動しています。**

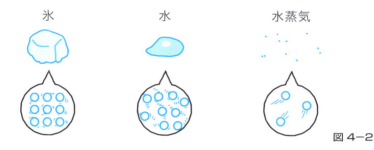

図4-2

このように，**3つの状態の違いは熱運動の激しさの違いによります。**

次に，熱運動と温度の関係について説明します。物質の温かさや冷たさを示す量を，**温度**といいます。固体である氷と，液体である水の温度を比べてみてください。ふつう，固体のほうが温度は低く，液体のほうが温度は高くなりますよね。

実は，温度とは"熱運動の激しさ"を表しているものなのです。

温かいものは熱運動が激しいから，
触ると温かく感じるってことですか？

その通りです。私たちがある高温のものを触ったときに「熱い」と感じるのは，その物質の粒子の熱運動が，人間を構成する粒子の熱運動に比べて激しいため，衝突をして**エネルギーを受け取っている**からです。私たちは，野球のボールがぶつかったときには「痛い」と感じますが，熱運動の場合は，あまりに粒子が小さいことと，たくさんの衝突が生じていることから，「痛い」という感覚ではなく，「熱い」という感覚になります。

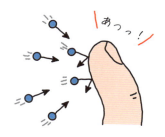

図4-3

　逆に，熱運動のゆっくりしている物質を触ると，エネルギーが奪われ，「冷たい」と感じるんですよ。

❷ 2つの温度　セルシウス温度と絶対温度

　「温度」という言葉を使ってきましたが，物理基礎には2つの温度が出てきます。

　普段，私たちが使っている温度は**セルシウス温度**といいます。単位は**℃**です。セルシウス温度は，「水」を基準として定義されています。**氷が溶けて水になる温度（融点）を0℃，水蒸気になる温度（沸点）を100℃**として，その間を100等分して1℃の大きさは決まっています。

　セルシウス温度が水から決められたのに対して，熱運動のようすから決められたのが**絶対温度**という，聞き慣れない温度です。

絶対温度…なんだか強そうだけど，
いったいどんな温度なの？

　物質を冷やしていくと温度は下がっていきます。しかし，ある温度以下には，どんなに冷やしても下げることができません。その最低値はという**−273℃**です。**どんな物質であっても，−273℃以下の温度には下がらないのです。**

温度の正体は，物質を形づくる分子の熱運動でしたね。**−273℃という温度では，すべての分子や原子の熱運動が止まってしまう**のです。「止まる」よりもさらに小さな運動はできないので，−273℃よりも温度は下がりません。この最低値−273℃を基準として決めた温度を，**絶対温度**といいます。つまり，熱運動が基準となっているんですね。絶対温度の単位は **K（ケルビン）**で，分子や原子が静止する−273℃（正確にいうと−273.15℃）を 0 K としています。また，目盛りの幅はセルシウス温度に合わせて決めたので，1 目盛りの値は同じです。つまり，絶対温度 T〔K〕とセルシウス温度 t〔℃〕の間には，次の関係式が成り立ちます。

$$T〔K〕= t〔℃〕+ 273$$

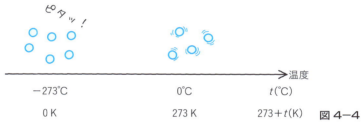

図 4-4

ちなみに，温度は熱運動の激しさを示す数値ですから，**温度に最低値はあっても最高値はありません**。太陽の温度など，ものすごく高温の物質になると，5000℃や 1 万℃にもなります。

❸ 物質の 3 つの状態と温度

外部から物質に移動した熱運動によるエネルギーを熱，**その量を熱量**といいます。つまり熱が加わると，温度は変化します。エネルギーなので，単位には **J（ジュール）**を使います。

ジュール，また出てきましたね。
やっぱり，熱もエネルギーなんですね。

バーナーで熱するなどして，氷に一定量の熱を，つねに与え続けながら温度を計測していきます。すると，氷から水に，水から水蒸気にと，物質の状態は変化していきます。その過程で，**図4-5**のグラフで示されるような温度変化をたどっていきます。

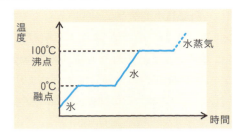

図4-5

このようすは水に限らず，ほかの物質でも同じようなグラフが得られます。

あれっ？ つねに熱を加えたはずなのに，温度が上がっていない時間があるよ。

固体から液体になるとき，液体から気体になるときなど，**状態が変化するときには，熱を加え続けているのにも関わらず，温度の変化は止まります**。固体から液体になる現象を**融解**といい，このときの温度を**融点**といいます。水の場合，融点は0℃です。**融解の間に与えられた熱は，固体から液体へ状態を変化させるために優先して使われるため，水の温度は一定**になります。この，固体から液体に状態変化するときに必要な熱量を，**融解熱**といいます。

液体の表面で，液体が気体になる現象を**蒸発**といいます。また，液体の表面だけでなく内部でも，激しく液体が気体になる現象を**沸騰**といい，沸騰が起こるときの温度を**沸点**といいます。水の場合，大気圧での沸点は100℃です。**沸騰の間に与えられた熱量は状態変化に使われるため，融解と同じように，沸騰の間も温度は変化しません**。液体から気体になるときに必要な熱量を**蒸発熱**といいます。また，融解熱や蒸発熱など，状態変化に使われる熱を一般に**潜熱**といいます。

ひぇ〜!! 知らない言葉がたくさん出てきました!

熱力学は，目に見えない現象を，温度や熱量といった測定可能な量で理解するための科学です。目に見えないものを扱うので，使う言葉が多く，大変かもしれませんが，グラフを見ながら，できるだけイメージして理解するようにしてくださいね。

練習問題

100°Cの水（液体）300gに，毎秒150Jの熱量を与えたところ，水は沸騰を始めました。全体の10%が100°Cの水蒸気（気体）になるのは，沸騰し始めてから何秒後になりますか。ただし，水の蒸発熱を$2.3×10^3$J/gとします。

解答・解説

これは潜熱について考える問題ですね。蒸発熱が$2.3×10^3$J/gということは，1gの水が水蒸気に変わるためには，$2.3×10^3$Jの熱量が必要だということを示しています。

水300gの10%は30gです。30gの水が水蒸気に変化するのに必要な熱量は

$$30×(2.3×10^3)=6.9×10^4 \text{ (J)}$$

となります。毎秒150Jということは，1秒で150J，2秒で300J，……という熱量を与えるので，求める時間をt(s)とすると

$$150×t=6.9×10^4$$

となります。
よって $t=4.6×10^2$ s

❹ 熱容量と比熱

　夏，晴れて日差しの強い日に，公園に遊びに行ったとしましょう。池の水をさわると，生ぬるいような温度になっています。これに対してブランコの鉄の部分やマンホールを触ると，ヤケドするくらい熱くなっています（ヤケドするので，すぐに手は引っ込めましょう）。

　池の水も鉄も，光エネルギーは同じように受けているはずですから，**単位面積あたりに受け取った熱量は同じ**です。それなのに，**温度の上がりかたがこんなにも違うなんて**，なんだか不思議ですよね。

　たしかに！　そういわれてみると不思議だ……。

　この例のように，物質の温度変化は，受け取った熱量の大きさだけではなく，その**物質の種類によっても違い**があります。

　また，コンロにかけて，水を沸騰させる場合，少量の水と大量の水では，大量の水のほうが沸騰しにくいですよね。このように，**同じ物質でもその物質の質量が大きければ，温まりにくくなります**。つまり，温度変化は**物質の質量とも関係**しているのです。

　これらのことから考えると，物質の温度変化ΔTは，次のように表せます。

$$\Delta T = \frac{Q}{mc}$$

　「Δ」（デルタ）は変化量を示しており，ΔTで温度変化を表します。たとえば，温度が$T=300$〔K〕から$T=310$〔K〕へと上昇した場合，このときのΔTは$310-300=10$〔K〕となります。この温度変化を起こすのが右辺の要素です。Qは熱量（単位はJ）を，mは物質の質量（単位はg）を示しています。熱量を扱う数式では，より身近な例で扱いやすいように，質量の単位としてkgではなく**gを使う場合が多い**ので注意が必要です。

c は何を示しているのかというと，**物質の温まりにくさを示した量**で，**比熱**といいます。比熱が大きい物質ほど，温度変化が小さいことになります。この式から，**物質 1 g の温度を 1 K 上昇させるのに必要な熱量 J が，その物体の比熱を意味します**。単位は組立単位となり，J/(g・K) を使います。

　公園の例では，水の比熱は 4.2 J/(g・K)，またマンホールなどの鉄の比熱は 0.45 J/(g・K) です。1 g の水と鉄に 4.2 J の熱を加えれば，水は 1℃ 温度が上昇するのに対して，鉄は $\Delta T = \dfrac{Q}{mc} = \dfrac{4.2}{1 \times 0.45} \fallingdotseq 9.3$ より，およそ 9℃ 上昇します。つまり，水のほうがおよそ 9 倍，鉄よりも温まりにくいことがわかります。

　この式を，物質に与えた熱量 Q で解いた形で覚えておくと，問題を解くうえで便利です。

| 熱量の式 | Point!

$$Q = mc\,\Delta T$$
（与えた熱＝質量×比熱×温度変化）

　また，この公式の mc をまとめて，大文字の C として表した，次の形でもよく使われます。

$$\underset{\text{与えた熱}}{Q} = \underset{\text{熱容量}}{C} \underset{\text{温度変化}}{\Delta T}$$

　C を**熱容量**といい，単位は J/K を使います。熱容量は，この式を見るとわかるように，**ある物質の温度を 1 K 上昇させるのに必要な熱量**のことを示します。その物質の質量がコロコロと変化しないとき，熱容量は便利な物理量です。

具体的に，どんなふうに使い分けるんですか？

　たとえば水の場合は，容器に入れたときの質量が問題の設定によって違いますよね。したがって，比熱の入った公式 $Q=mc\Delta T$ を使うほうが便利です。しかし，コップや鍋などの容器の温度変化を考える場合，容器の質量は変化しませんので，容器の熱容量 C を使ったほうが便利になります。
　それでは，練習問題に取り組んでみましょう。

練習問題

(1) 次の（ A ）〜（ C ）に入る言葉をかきなさい。
　固体から液体になるときの温度のことを（ A ）といい，そのときに必要な熱を（ B ）といいます。このように，状態変化に使われる熱を（ C ）といいます。

(2) 温度が 293 K で，熱容量が 80 J/K の物体があります。この物体の温度を 313 K まで上昇させるために，必要な熱量を求めなさい。

(3) 鉄の比熱は 0.45 J/(g・K) です。400 g の鉄の温度を 20 度から 60 度まで上げるのに必要な熱量を求めなさい。

解答・解説

(1) （ A ）**融点**，（ B ）**融解熱**，（ C ）**潜熱**　**答**

(2) 熱容量がわかっているので，$Q=C\Delta T$ を思い浮かべます。ΔT は温度の変化ということに注意をして，公式(p.193)に代入しましょう。

$$Q = \underset{\underset{80}{\uparrow}}{C} \underset{\underset{313-293}{\uparrow}}{\Delta T}$$

よって　$Q = 1.6 \times 10^3$ J　**答**

(3) 比熱がわかっているので，$Q=mc\Delta T$ を使います。セルシウス温度を絶対温度に直すと，それぞれ 273 K を足して，20℃＝293 K，60℃＝333 K となります。公式に代入すると

$$Q = \underset{400}{m} \quad \underset{0.45}{c} \quad \underset{333-293}{\Delta T}$$

となります。計算すると　$Q = 7.2 \times 10^3$ J　

　ここで計算上のテクニックです。**T は絶対温度を表しますが，ΔT は変化量を表すので，セルシウス温度 t を使っても，温度変化は同じ**になります。

$$Q = \underset{400}{m} \quad \underset{0.45}{c} \quad \underset{60-20}{\Delta t}$$

となります。1℃の目盛りと 1 K の目盛りは同じなので，$\Delta T = \Delta t$ という関係がつねに成り立つのですね。このことを知っておけば，計算するときにいちいち絶対温度に直して計算する必要がなくなるので，少し時間を短縮することができますよ。

❺ 熱量の保存

　凍えそうな冬に，家に帰ってきてお風呂に入ると，なんとも温かくて気持ちよいものです。このとき，お風呂のお湯から私たちのほうに，熱が移動しています。長く入っていると，お湯は冷めていき，その逆に私たちの体は温まっていくので，体がポカポカとしはじめ，はじめにお湯に入ったときのような，体全体に熱がしみこんでくる感じはなくなっていきます。

　　　毎日さりげなく起こっている現象にも，
　　　　物理は隠れているんだね。

この，お風呂の例のように**温度の違う2つの物体を触れさせると，物体の間で熱のやりとりが行われます**。高温の物体Aと低温の物体Bを触れさせたときの，温度変化の様子を示したのが**図4-6**のグラフです。

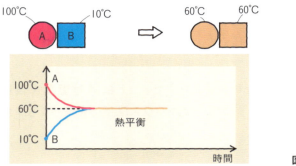

図4-6

高温の物体Aは温度が少しずつ下がっていき，逆に低温の物体Bは温度が上がっていきます。2つの物体の温度が等しくなるところで，温度の変化は止まります。このとき，2つの物体は**熱平衡**にあるといいます。

2つの物体の間だけで熱が移動するとき，高温の物体Aがあげた熱量と，低温の物体Bがもらった熱量は等しいことがわかっています。これを**熱量保存の法則**といいます。

$$A が あげた熱量 \Delta Q \ = \ B が もらった熱量 \Delta Q$$

これは言い換えれば，**熱力学における「エネルギー保存の法則」**のことです。この熱量の保存に関する問題が，熱力学分野では，いちばん多く出題されます。この関係式は絶対に覚えてください。それでは，問題を見てみましょう。

例題

図4-7のように，断熱容器に入れた温度10.0℃の水100gに96.0℃の鉄球を沈め十分な時間が経過すると，水と鉄球はともに12.0℃になりました。鉄球の質量はいくらですか。ただし，水の比熱を4.2 J/(g・K)，鉄の比熱を0.45 J/(g・k)とし，水の蒸発の影響や断熱容器の熱容量は無視できるものとします。

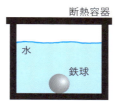

図4-7

熱量の保存に関する問題は，次の3ステップ解法を使って解きましょう。

ココに注目！

熱量の保存の3ステップ解法

ステップ1 絵をかき，「あげた人」と「もらった人」を明確にする

ステップ2 あげた熱量ともらった熱量を，それぞれかき出す

ステップ3 あげた熱量＝もらった熱量

ステップ1 絵をかき，「あげた人」と「もらった人」を明確にする

登場人物は水と鉄球の2人です。熱量を**あげた人**（温度が下がったほう）は「鉄球」，**もらった人**（温度が上がったほう）は「水」です。絵をかいたら，はっきりと「あげた人」，「もらった人」とかきましょう。

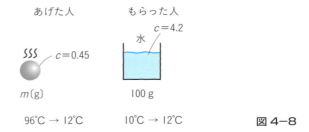

図 4-8

ステップ 2 あげた熱量ともらった熱量を，それぞれかき出す

あげたほう（鉄球）について，$Q=mc\Delta T$ を使って，あげた熱量を求めてみましょう。

　　　鉄球：あげた熱量 $Q=m\times 0.45\times(96-12)$ ……①

同様にもらったほう（水）の熱量の計算をしてみましょう。

　　　水：もらった熱量 $Q=100\times 4.2\times(12-10)$ ……②

となります。

ステップ 3 あげた熱量＝もらった熱量

あげた熱量ともらった熱量が同じになること，これが熱量の保存です。よって，①と②を等式で結びます。

$$\boxed{あげた熱量} \quad = \quad \boxed{もらった熱量}$$
$$m\times 0.45\times(96-12) \qquad 100\times 4.2\times(12-10)$$

となります。これを m について解くと，$m=22.22...$ と割りきれません。有効数字は問題文から 2 桁と読みとれるので，m の値は 3 桁目を四捨五入して 22 g になります。　　　　　　　　　　　**22 g** 答

❻ 熱の仕事当量

さて，ここで見かたを変えてみましょう。熱量の単位は何だったでしょうか？

Theme 4　熱量の保存　199

たしか…ジュールでしたね。

　ええ，そうです。このジュールという単位，Chapter 1 では運動エネルギーや，位置エネルギー，つまり「仕事をする能力」だと勉強しましたよね。熱も単位がジュールです。つまり…

熱も仕事ができるんです！

　逆に，仕事が熱に変わることもあります。**仕事と熱はたがいに変換することができる**んですね。

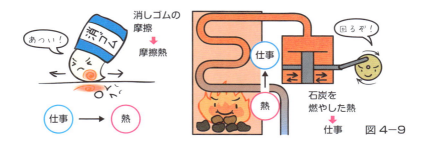

図4-9

　たとえば，消しゴムをこすると，こすった紙は熱くなりますよね。これは手がしたこする仕事が，熱へと変換された例です。熱が仕事へ変換される例としては蒸気機関車があります。蒸気機関車は，石炭を燃やした熱エネルギーが，車輪と連動するピストンを動かす仕事へと変換されて走ります。

　しかし，かつては，「熱は物質であって，ほかのものに変わることはない」つまり「仕事にはならない」と考えられてきました。これを熱物質説といいます。この熱物質説の下で，「**1グラムの水を1℃上昇させるのに必要な熱の量**」が定義されました。これを **1 cal（カロリー）**といいます。

> カロリーって，ごはんいっぱい 300 kcal とか，カラオケで歌ったあとに出る消費カロリーですか。

そうです。今でも残っていますね。

でも，熱を利用して仕事をすることができるのですから，熱の単位〔cal〕と仕事の単位〔J〕には，何か関係があるはずですよね。そこで，1847 年イギリスのジュールさんは，実験によって **1 cal＝4.19 J の仕事に相当する**ということを算出したんですよ。

> そうすることで，熱と仕事の数値の変換ができるようになったんだね。ジュールさん，すごい！

Theme 5
内部エネルギーと熱力学第一法則

>> 内部エネルギーと熱力学第一法則

　一見止まっているように見える物体でも，その物体の内部では，物体を構成する分子や原子などの粒子が細かく振動しています。これを熱運動といいましたね(p.186)。そのため止まっている物体でも，運動エネルギーをもっています。これらの**物体が内部に秘めているエネルギーの総和**を**内部エネルギー**といいます。

　今回の主役は気体です。**図5-1**のように，ピストンに閉じ込められたある気体（たとえばガソリンを気化させたもの）に，火をつけるなどして熱量Qを与えたときのことを想像してください。「ボン！」と音が鳴り，ピストンが右に動くようすが想像できましたか？

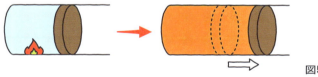

図5-1

　なぜピストンは動いたのでしょうか。熱量を与えると，気体の温度は上昇します。つまり，熱運動が激しくなります。これは，気体の内部エネルギーが増えたことに相当します。

　熱運動が激しくなるということは，粒子がより激しく飛び回ります。そのため，**ピストンに当たる気体の粒子が増えて，気体の圧力が大きくなり，ピストンを押し出して仕事をしたのです**。これがエンジンのしくみです。

　このように，**気体に与えた熱エネルギーは，内部エネルギーの変化と，気体がした仕事に分配されます**。そして，これらの和は，次の式で表されます。

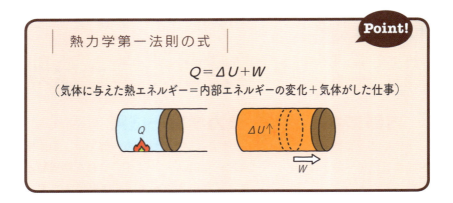

　この関係を**熱力学第一法則**といいます。この式はつきつめると，**熱エネルギーと力学的エネルギーの関係までも含めた，エネルギー保存の法則**を示しています。

　自動車のエンジンや蒸気機関など，**熱をくり返し仕事に変える機械**を**熱機関**といいます。熱機関において，燃料から発生する熱エネルギーを，どのくらい仕事に変換することができたのかを，**熱効率**といいます。熱効率は，次の式で表されます。

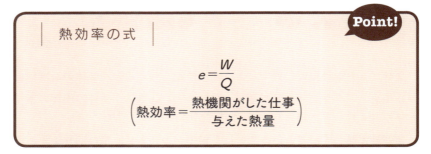

　たとえば，一般的な自動車のガソリンエンジンの熱効率は25％くらいです。つまり，75％は仕事としては使うことができず，熱エネルギーとして外部へ排出されます。**どんなに効率のいい装置を使っても，熱効率は100％にはなりません。**

練習問題

図のようにピストンと電熱線のついた容器に気体を詰めて，100 J の熱を加えました。下の(1)，(2)に答えなさい。

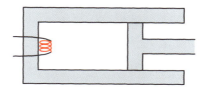

(1) ピストンを固定していたとき，気体の内部エネルギーの増加量 ΔU を求めなさい。
(2) はじめの状態に戻して，ピストンの固定をはずして同じ 100 J の熱を加えると，ピストンは動きました。このとき気体の内部エネルギーの増加量は，(1)の場合と比べて大きくなりますか，小さくなりますか。

解答・解説

(1) **ピストンが固定されているので，気体は仕事をすることができません**。よって，熱力学第一法則は次のようになります。

$$Q = \Delta U + W$$
$$\underset{100}{\uparrow} \qquad \underset{0}{\uparrow}$$

これを解くと，**$\Delta U = 100$ J** 答

つまり，与えた熱はすべて気体の温度変化に使われ，内部エネルギーが増えます。

(2) ピストンを動かしたのは気体ですから，(2)の場合は，**気体が外に向かって仕事をしています**。気体がした仕事 W を 20 J とすると，熱力学第一法則は次のようになります。

$$Q = \Delta U + W$$
$$\uparrow \qquad \qquad \uparrow$$
$$100 \qquad \qquad 20$$

この式から ΔU を求めると 80 J になりますね。

このように内部エネルギーの増加以外にも，熱エネルギーが使われるため，**内部エネルギーの増加量は，(1)の 100 J よりも小さくなります**。

>> Theme 5 のその他の知識
❶ 熱力学第一法則の別の表記法

熱力学第一法則は，気体の内部エネルギーの変化に注目して次のようにかかれることもあります。

$$\Delta U \qquad = \qquad Q \qquad + \qquad W'$$
内部エネルギーの変化 ＝ 気体に与えた熱量 ＋ 気体が**された仕事**

この式の形だと，「**気体が熱をもらったり，気体が圧縮されるなど外部から仕事をされた場合に，内部エネルギーが増加する**」という意味になります。

本文中で紹介した熱力学第一法則の式 $Q = \Delta U + W$ では，あげた熱は何に使われているのかを示しており，その場合には W は気体が「する」仕事となっています。今回紹介した式 $\Delta U = Q + W'$ では，気体が「された仕事」となっていて，W' とダッシュをつけて区別をした点に注意が必要です。

どちらの式も同じ意味です。W と W' で混乱することがあるので気をつけましょう。どちらの式を使ってもよいのですが，$Q = \Delta U + W$ をオススメします。

❷ 一方通行！ 熱力学第二法則

　振り子の運動をイメージしてみてください。高い場所から徐々に速くなり，最下点では速さが最も大きくなります。そのあと，少しずつ上昇しながら速度を落とし，反対側の同じ高さの点で止まります。

　振り子運動では，このように位置エネルギーが運動エネルギーへと変化し，また運動エネルギーが位置エネルギーに変化するなど，エネルギーは双方向に変化をします。このような変化を**可逆変化**といいます。

　これに対して，エネルギーの変化が一方向にしか進まない変化のことを**不可逆変化**といいます。**熱に関係した現象は，すべてがこの不可逆変化であり，一方向に変化**していきます。これを**熱力学第二法則**といいます。

　たとえば，摩擦のあるザラザラした面で物体を滑らせたとき，物体のもつ運動エネルギーは，摩擦力による熱エネルギーに変わり，やがて物体は止まります。

　　　　　　　運動エネルギー　→　摩擦熱　　○

　しかし，止まっていた物体が床から熱を勝手に吸収し，動き出すことはありえません。

図5-2

　　　　　　　摩擦熱　→　運動エネルギー　　×

　このように，熱に関しては，エネルギーは一定方向の変化しかしないのです。

206　Chapter_2　熱力学

Chapter ② 共通テスト対策問題

　大学入学共通テストでは，日常の中の物理現象に関係する会話形式の問題も多く出題されます。このような問題を解くためには，まずは物理用語の意味や現象について，事前によく覚えておきましょう。その上で，日常生活で目にする現象について日頃から疑問をもち，説明できるようにしておくことが大切です。それでは問題に挑戦してみましょう。

---

①

　自転車を減速させるとき，失われる運動エネルギーを有効に利用する方法を考えて，みんなで案を出しあった。

「冬であれば，①ブレーキで発生した熱を車内の暖房に用いるってのはどうかな？」
「むしろその熱を次に加速するときのエネルギー源にしよう。②熱をすべて，自動車の運動エネルギーに戻すことだってできるんじゃない？」
「それより，③車軸に発電機をつないでバッテリーを充電するのはどうだろう？」

　上の会話中の下線部①〜③のうち，物理法則に反するものをすべて選べ。

（大学入学共通テスト試行調査）

解答・解説

<u>下線部①　ブレーキで発生した熱を車内の暖房に用いる</u>

　ガソリンエンジンで動く車や，化石燃料を用いて水を温めて水蒸気に変え，水蒸気の圧力でタービンを回す火力発電所のように，熱エネルギーは運動エネルギーに変換することができます。また，逆に①のアイデアのように，ブレーキによって失われた運動エネルギーは，熱エネルギーとなるため，その熱を車内の暖房に用いることは不可能ではありません。このようにエネルギーは相互に変換することができます。

<u>下線部②　熱をすべて，自動車の運動エネルギーに戻す</u>

　運動エネルギーは，いずれ熱エネルギーへとすべてが変わっていきます。しかし，<u>熱エネルギーをすべて運動エネルギーに変えることはできません</u>（p.202）。例えば，ガソリンエンジンは，熱エネルギーを運動エネルギーに変えるための装置ですが，性能の良いガソリンエンジンであっても，およそ40％しか運動エネルギーに変えることができません。大半の熱エネルギーは，運動エネルギーにすることはできず，外部に捨てています。

<u>下線部③　車軸に発電機をつないでバッテリーを充電する</u>

　このアイデアは，実現しています。熱力学第二法則が成り立っているため，車を止める際の運動エネルギーのすべてをほかのエネルギーに変換することはできません。しかし，ブレーキをかけるときの運動エネルギーの<u>一部</u>を，電気エネルギーに変換して蓄えておく，運動装置は「回生ブレーキ」とよばれ，電車や自動車についているものもあります。

　　　　　　　　　　　　　物理法則に反しているのは　②

Theme 6
波の表しかたと波の性質

>> 1. 波を表す物理量

次の図は海の波の様子を示しています。

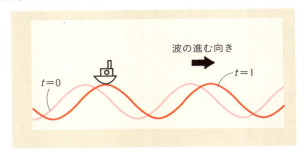

図6-1

波の盛り上がった部分や下がった部分は、その場で静止しているわけではなく、時間とともになめらかに動いていきます。私たちはついつい「波の形」がどう動くのかについて、目で追ってしまいます。しかし、波を理解するポイントは「波を伝えているもの」の動きにあります。

「波を伝えているもの」は…
この場合は水だね。

❶ 波の動きと媒質の動き

シーツの左端をもって、バサバサと上下にゆらすと、シーツの上に波ができて右側に動いていきます。このとき、シーツの生地をつくっている糸などが、波と一緒に右側に動いていくわけではありません。もしそうであるなら、シーツが右へ飛んでいってしまうことになります。

では、糸はどのように動いているのでしょうか。シーツの適当な場所に、クリップなどの目印をつけて、糸の動きを見てみましょう。次の図のAがクリップだと思ってください。波を1つ起こします。

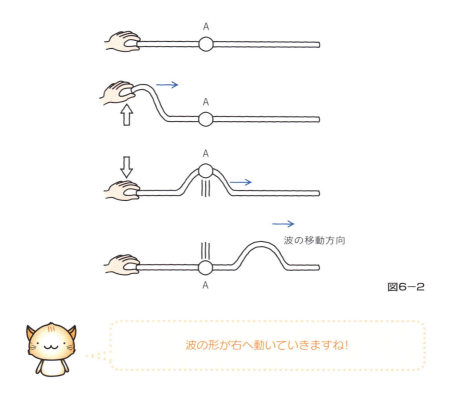

図6−2

波の形が右へ動いていきますね！

　ついつい，波の形の動くようすに目がいってしまいますが，クリップの動きに注目してください。**クリップは波がくるとその場で上下に動くだけで，クリップ自体は波の形と一緒に右側には移動しません。**

一緒に動いていってしまいそうなのに，実は横方向には移動していないんだね。

　上の例では1つのクリップしかつけませんでした。次のページの図では，複数のクリップを並べてつけてみました。これらの目印は，上の図のクリップと同じように，波がくると順番に，その場で上下に振動をします。スタジアムで観客が起こすウェーブをイメージするとよいでしょう。

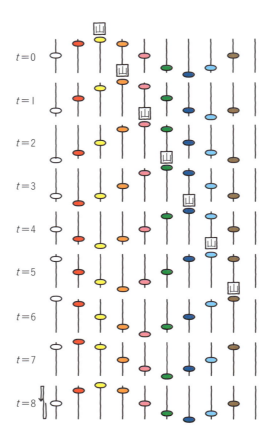

図6-3

　波の動きがわかるように，波の山の位置を示しました。時刻 $t=0$ から 8 まで視線を下げていくと，山が右に動いていくことがわかります。次に，目印のクリップ1つに注目をしてください。たとえば，いちばん左にある白いクリップを見ていくと，$t=0 \sim 2$ では下に移動し，$t=3 \sim 6$ では上へ，そしてまた $t=7 \sim 8$ では下にと，**上下に振動している**ことがわかります。

となりの赤いクリップも見てみましょう。同じように上下振動をしていますが，白いクリップよりも少し振動がずれていることがわかります。このように，**波の現象の本質は，波を伝えている 1 本 1 本の糸の振動が少しずつずれていくことで，波の形が伝わってくということです。**

なるほど！　どの位置でもクリップは上下に振動するだけで，横には動いていないのか！

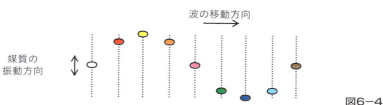

図6−4

スタジアムで観客が起こすウェーブも，観客が波の伝わる方向に走っているわけではなく，1 人ひとりはその場で立ったり座ったりしているだけですよね。このイメージが波の勉強で最も大切なことです。

波を伝えているものを**媒質**といいます。先ほどの例では，媒質はシーツの糸です。水面を伝わる波の媒質は，水分子です。スタジアムでのウェーブの媒質は 1 人ひとりの観客です。

また，波が発生しているところを**波源**といいます。シーツの例でいえば，シーツを振って動かしている手の部分が，波源です。

❷ 波を表す 2 つのグラフ（y-x グラフ・y-t グラフ）

波の正体は媒質の動きにありました。次に，波を表すために必要な 2 つのグラフについて見ていきます。**図6−5** のように，**波の盛り上がった部分を山，逆にへこんだ部分を谷**といいます。山と谷のセットを「**1 つの波**」といいます。

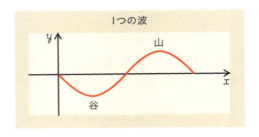

図6-5

波は、この山と谷のくり返しです。次に、波を動かしながら「波の形の動き」と「媒質の動き」を、もう一度見てみましょう。

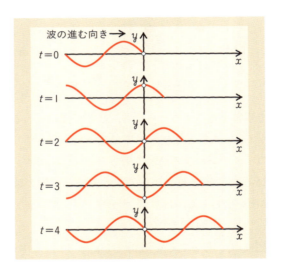

図6-6

時刻 $t=0$ から $t=4$ に向かって、時間が進んでいます。原点の媒質（○）に注目してみましょう。$t=0$ のとき、媒質の高さは0。その後上昇して、$t=1$ では媒質は最高点につき、$t=2$ で下におりてきて原点を通ります。さらに $t=3$ で最下点まで下降し、谷の底までいくと、$t=4$ のように原点に戻ってきます。$t=4$ のとき、**波全体の形を見ると、1つの波（山と谷のセット）が通過しているのがわかります。**

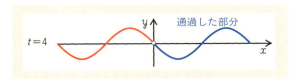

図6-7

このように**媒質が1回振動するということは，波が1つ通ったことを意味します。**このことはとても大切なので覚えておきましょう。

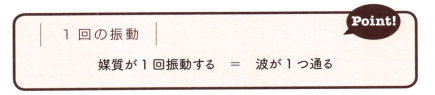

t=0 から t=4 まで，5つもグラフがあるんですね。これでようやく波の動きがわかるんですか…

図6-6に示した，$t=0 \sim 4$ の5つのグラフのように，**ある時刻の波の形を示したグラフを** *y-x* **グラフ**といいます。このグラフは，その時刻において，いろいろな場所 x の媒質の高さ，つまり波全体の形がわかります。しかし，もし *y-x* グラフが1つしかなければ，どうでしょうか。

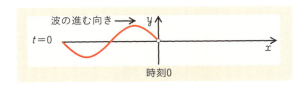

図6-8

$t=0$ の *y-x* グラフ1つだけだと，原点の媒質が，どのくらいの時間をかけて振動するのかわかりません。そこで，**ある位置の媒質の動きを追った，** *y-t* **グラフ**というグラフも，波をとらえるためには必要になります。

y-t グラフは，どんなグラフなんですか？

図6-6のt=0〜4のy-xグラフについて、原点の媒質(○)のy-tグラフをつくってみましょう。図6-6のグラフのt=0〜4の、原点の媒質の位置を抜き出したのが次の図です。

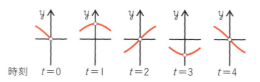

図6-9

図6-9のように1秒ごとに等間隔で並べてみると、**横軸が時間 t、縦軸が原点の媒質の高さ y** になっていると見ることができますね。このまま媒質○印をなめらかな線でつなぐと、原点の媒質のy-tグラフの完成です。

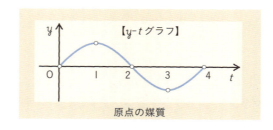

図6-10

図6-6や図6-7のy-xグラフと形は似ていますが、意味は異なります。このy-tグラフは、原点の媒質の振動のようす(時間変化)を示しています。このグラフからは、原点の媒質がt=0〜4の4秒間で1回振動したことがわかります。y-xグラフ1つでは、このことはわかりません。

> ある時刻の波の形を表すのがy-xグラフ、
> ある点の振動の時間変化を表すのがy-tグラフ
> ってことか。

その通りです。次は、**この2つの図から、波の要素、つまり波を表す物理量を読みとる方法**を学んでいきましょう。

③ 波を表す物理量

y-x グラフと，y-t グラフから，波を表すために必要な物理量について見ていきましょう。

(1) y-x グラフから読みとれる物理量

y-x グラフは「ある時刻の波の形」を示しています。

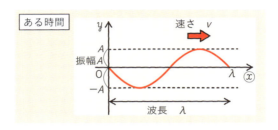

図6-11

波長(谷と山の1セットの長さ)は**λ**で表します。漢字の「入」に似ていますが，ラムダと読みます。長さなので単位は〔m〕を使います。

波の山や谷の高さを**振幅**といい**A**で表します。単位は〔m〕です。

波が進む速さは図からは読みとれませんが，右に動いていた場合，図6-11のように右向きに矢印をかき**v**で表します。単位は〔m/s〕です。

(2) y-t グラフから読みとれる物理量

y-t グラフは，「ある場所の媒質の時間変化」を示します。

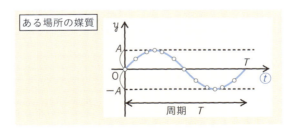

図6-12

媒質が上下に1回振動するのにかかる時間(1つの波がある点を通過するのにかかる時間)を**周期**といい，**T**で表します。単位は〔s〕(秒)を使います。また，y-t グラフにおいて，媒質が達する最高点の高さは，y-x グラフの振幅Aと同じです。

(3) グラフには表れない振動数 f

振動数（または**周波数**）とは，1 秒間に媒質が何回振動するのかを表します。これは 1 秒間に何個の波がその場所を通過するのかと同じ意味です。振動数は f で表され，単位は **Hz**（ヘルツ）を使います。

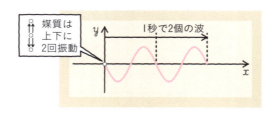

図6-13

たとえば，上の図のように 1 秒間で 2 個の波が原点を通過したとします。このとき，原点にある媒質は上下に 2 回振動しますね。1 秒で媒質が 2 回振動したので，振動数 f は 2 Hz ということになります。

(4) 振動数 f と周期 T の公式

波長・振幅・速さ・周期・振動数と，5つの要素が出てきましたね。これらをすべてグラフから読みとらなくてはならないんですか？

実はこの 5 つのうち，**1 つを求めればもう 1 つが自動的にわかるものがある**んです。それは振動数 f と周期 T です。

周期 T とは，1 つの波がある場所を通過するのにかかる時間（言い換えれば媒質が上下に 1 回振動するときにかかる時間）でした。

図 6-13 の場合，1 秒間で 2 つの波が通過したので，1 つの波が通過するのにかかった時間は 0.5 秒です。よって，周期 T は 0.5 秒です。振動数と周期を比べてみましょう。

$$\text{振動数}\ f\quad 2\,[\text{Hz}]\quad \Longleftrightarrow\quad \text{周期}\ T\quad 0.5\,[\text{s}]$$

また，1 秒間で 5 つの波が通過する場合，1 つの波が通過するのにかかる時間は，0.2 秒です。

$$\text{振動数}\ f\quad 5\,[\text{Hz}]\quad \Longleftrightarrow\quad \text{周期}\ T\quad 0.2\,[\text{s}]$$

このように，いろいろな振動数でそのときの周期を求めていくと，**振動数と周期の間には，次のような関係式が成り立つ**ことがわかります。

> | 振動数と周期の公式 |
>
> $$f = \frac{1}{T} \text{（または } T = \frac{1}{f}\text{）}$$

図6-13の波の例でいえば，振動数 f は 2 なので，この公式を使って周期を求めると，次のようになります。

$$T = \frac{1}{f} = \frac{1}{2} = 0.5$$

お〜，こりゃ便利だ〜！

この関係式は絶対に覚えてくださいね。

④ 最も大切な波の公式

最後に波動分野で，最も大切な式について見ていきます。次の図のように，振動数 $f=3\,\text{Hz}$ の波が原点を通った場合を考えます。

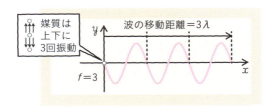

図6-14

振動数が 3 Hz ということは，原点の媒質は1秒間に3回振動したということになります。このことは，1秒間で原点を3つの波が通過したということと同じ意味です。

よって，原点を通過した波の先頭は，3λ〔m〕前方に移動していることがわかります。**1秒間に移動する距離が波の速さです。** これらのことから考えると，**この波の速さ v は 3λ〔m/s〕** ということがわかります。

3λの「3」は，振動数 $f=3$ Hz のことを示しています。このことから，波の速さは次の式で表すことができます。

この公式は波動分野で最も大切なものです。ここまでに出てきた，覚えておくべき記号と，その記号が示すものをまとめておきます。

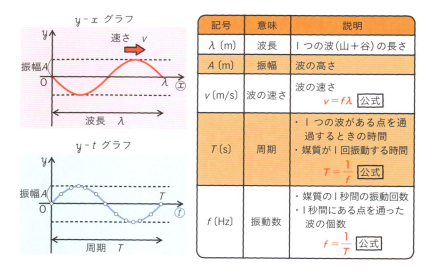

慣れるまでは，この表を見ながら問題を解いていきましょう。

練習問題

次の各問いに答えなさい。

(1) 次の波の振幅と波長を求めなさい。

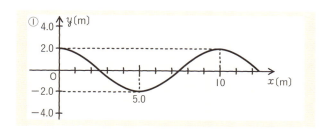

(2) 次のグラフにおいて，破線で表された波が，少しだけ右に動き，2秒後に実線の波の位置まできました。この波の速さ，振動数を求めなさい。

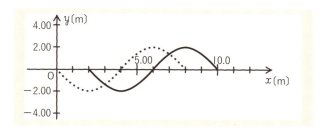

(3) 次のグラフで示される，波の周期と振動数を求めなさい。

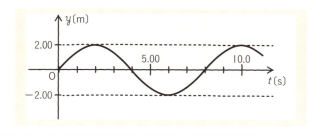

解答・解説

(1) まずは, グラフの横軸に注目してください。これは y-x グラフですね。つまり, ある時刻の波の形を示しています。与えられたグラフが, y-x グラフなのか, y-t グラフなのかを, はじめに確認しましょう。

振幅は波の中央からの高さ(または深さ)を示します。よって, 答えは 2.0 m となります。よくある間違いが, いちばん下から上までの距離で 4.0 m と答えてしまうことです。気をつけましょう。

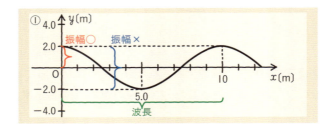

また, 波長は山1個と谷1個を合わせた長さです。今回の場合は, 山から次の山までの長さにしましたが, (半分の山)+(谷1個)+(半分の山)=(山1個)+(谷1個)と考えても, 1波長となります。答えは 10 m です。

振幅 2.0 m 波長 10 m

(2) このグラフも(1)と同様に, y-x グラフですね。グラフから, 波長 $\lambda = 8.00$ m, 振幅 $A = 2.00$ m とわかります。

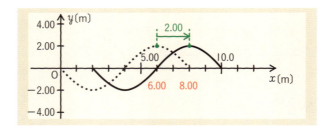

2つの波の，山の位置に注目しましょう。破線の波の山の位置は6.00 m，実線の波の山の位置は8.00 mなので，動いた距離は2.00 mとわかります。1秒間で動く距離のことを速さというので，この場合の速さは2.00 cm÷2＝1.00 m/sとなります。

　次に，振動数 f を求めましょう。波の式に $v=1.00$ m/s と $\lambda=8.00$ m を代入します。

$$v = f \lambda$$
$1.00 \qquad 8.00$

$f=0.125$ 〔Hz〕 【答】

(3) このグラフの横軸を見てください！ これは y-t グラフを示しています。つまり，下の図の矢印で示したポイントは周期を示しています。

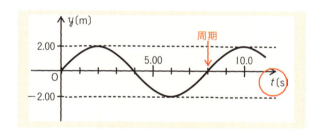

　このことから周期は8.00秒であることがわかります。周期 T と振動数 f の関係より

$$f = \frac{1}{T} = 0.125$$
$\qquad 8.00$

周期 8.00 秒　　振動数 0.125 Hz 【答】

≫ 2. もう1つの波「縦波」
❶ 縦波とは何か
　今まで見てきた波は「横波」という種類の波です。波にはもう1つ，「縦波」という種類の波もあります。縦波とは，どんな波なのか見てみましょう。

次の図のように，ばねをギュッと勢いよく前に押して，すぐに引いて元の位置に戻します。すると，圧縮された密度の高い部分が，次々に伝わっていくのがわかります。

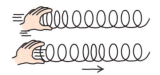

図6-15

次に，ばねを押したり引いたりして振動くり返すと，次の図のように密度の高い部分，密度の低い部分が伝わっていくのがわかります。前者を単に 密 ，後者を 疎 といいます。

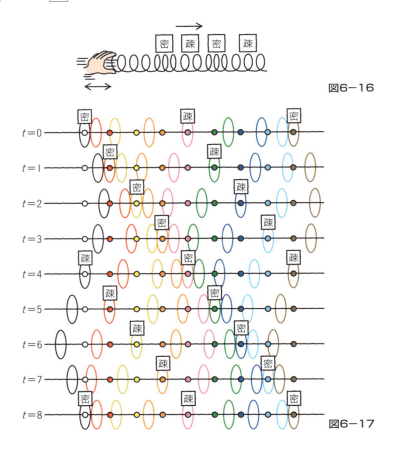

図6-16

図6-17

縦波の伝わるようすを時間順に並べたのが**図6-17**です。左側から右側に波が伝わっているようすがわかりますか？

密と疎の文字がナナメに並んでる〜！

密の部分を追ってみましょう。$t=0$ で黒い輪の媒質が密になっており，$t=1$ では赤い媒質が密に，$t=2$ では黄色い媒質が密に……，と時間とともに密の部分が右に移動していますね。このように**密の部分や，疎の部分が右に伝わっている**のがわかります。

次に，横波と同じように1つひとつの媒質の動きを見てみましょう。たとえば，いちばん左にある黒い媒質に注目します。縦に見ていってください。

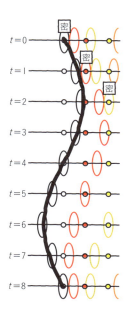

図6-18

左右にクネクネしてるね！

はじめにあった場所を中心に、右→左→右にと左右に振動していることがわかります。となりにある赤の媒質を見ると、黒の媒質より少し遅れて、同じように左右に振動していることがわかります。このように、縦波も横波と同じように、**媒質自身が疎や密の部分といっしょに動いていくわけではないことが大切です。媒質が上下に振動するか（横波），左右に振動するか（縦波）の違いだけです。**

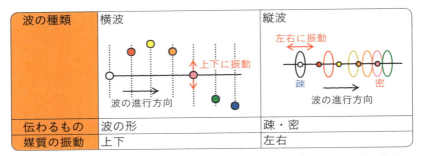

波の種類	横波	縦波
伝わるもの	波の形	疎・密
媒質の振動	上下	左右

波の伝わる方向に対して**垂直に振動する波を横波，水平に振動するものを縦波**といいます。

❷ 縦波を横波のように表してみよう！

　図6-19は**図6-17**の $t=4$ の場面を切りとったものです。縦波は密の部分と疎の部分が伝わっていく波なので、１つひとつの媒質がどこを中心としてどれくらい振動しているのかが、ちょっと見えにくいですよね（この図は色がついているので、多少は見えやすいですが…）。

図6-19

　そこで、縦波をまるで横波のように表現する方法を学びましょう。次の図を見てください。この図は**図6-17**の $t=4$ のとき、媒質がどれだけ振動の中心となる位置から離れているのかを、矢印を引いて示したものです。

図6-20

そして、次の図のように縦軸をつくり、上に「媒質の右方向へのずれ幅の大きさ」を、下に「媒質の左方向へのずれ幅の大きさ」をとります。たとえば黄色の矢印のように**右に矢印が伸びた場合には**、その媒質が中心位置より「右にずれている」ことから、**上に矢印を起こします。** また、青の矢印のように**左に矢印が伸びた場合には**、「左にずれている」ことから**下に矢印を倒します。**

図6-21

このように、右に伸びた矢印は上へ、左に伸びた矢印は下へと向きを変えて、矢印の頭をなめらかな線でつなぐと、次の図のように縦波の情報をもったままで、横波のように縦波を表すことができます。

図6-22

横波で見慣れたグラフになりましたね！
これならわかりやすいです。

これを，縦波の横波表記といいます。一見，単なる横波のように見えますが，縦軸が横波の場合とは違うのがポイントです。次の図では，「横波で表現された縦波」と，「疎」，「密」の場所を対応させていますよ。

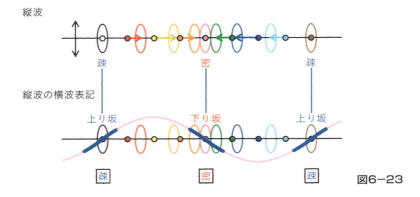

図6-23

波が右側に動いているときには，この図のように，**横波表記の下り坂には「密」が，上り坂には「疎」が対応しています。**横波表記されたときの，疎の位置や密の位置は，よく問題で問われます。覚えておくとよいでしょう。

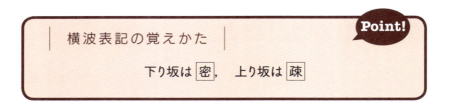

ドレミファ**ソ**ラシド〜♪ 音楽では「ソ」のほうが「ミ」よりも音が高いですよね。下のほう（下り坂）が「ミ（密）」，上のほう（上り坂）が「ソ（疎）」と覚えましょう。

これで間違えずにすみそうです。

それではどのような問題が出るのか，例題を見てみましょう。

例題

下の図の波は，x軸の正の方向に動く縦波の，時刻0の様子を横波表記で表したものです。以下の問いについて，O〜Gの記号で答えなさい。

(1) このときの「疎」・「密」の場所はどこですか。
(2) 媒質の動きがこの瞬間，止まっているのはどの場所ですか。
(3) 右向きに速さが最大になっているのはどの場所ですか。

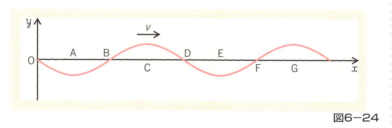

図6-24

このような問題が出た場合には，横波表記で示された縦波を，もう一度縦波に戻してみるのがコツです。

ココに注目！

横波表記→縦波の戻しかたの3ステップ

ステップ1 ボールを置き，上下に矢印を伸ばす
ステップ2 矢印が上に伸びたら波の進行方向に，矢印が下に伸びたら逆方向に，矢印を倒す
ステップ3 矢印の頭にボールを移動させ「疎」「密」を記入

(1) では、3ステップにしたがって、縦波に戻していきましょう。

ステップ1 ボールを置き、上下に矢印を伸ばす

次の図のように、高さ0・山・谷の下に小さいボールを置きます。そして、その場所から、横波のある場所に向かって上下に矢印を伸ばします。

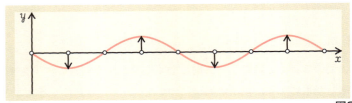

図6-25

ステップ2 矢印が上に伸びたら波の進行方向に、矢印が下に伸びたら逆方向に、矢印を倒す

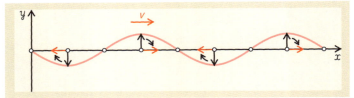

図6-26

波が動いている方向に注意しましょう。この波は右に動いているので、上に矢印が伸びた場合は「右」に、下に矢印が伸びた場合は「左」に倒します。

ステップ3 矢印の頭にボールを移動させ「疎」「密」を記入

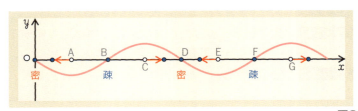

図6-27

ボールが集まったところに「密」，ボールが離れてしまっているところに「疎」と記入します。これで完成です。密になったところは，O，Dの2つです。疎となったところは，B，Fの2つです。

密はO，D　　疎はB，F　答

(1)の場合には，上り坂を疎，下り坂を密と覚えておいて，下り坂のOとDが密，上り坂のBとFが疎と解いてもかまいません。しかし，このように作図して縦波の形に戻せるようになっておくと，次の(2)，(3)のような問題にも対応できます。

(2) 次に「媒質の動きが止まったところ」です。このような場合は，いったいどのように考えればよいのでしょうか。

縦波の場合も横波の場合も，1つひとつの媒質はその場で振動しています。振動しているので，**媒質が止まるときというのは，その媒質が折り返し地点にきているとき**です。

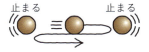

図6-28

折り返し地点にきているということは，振幅が最大になっているところですから，答えは，A，C，E，Gとなります。

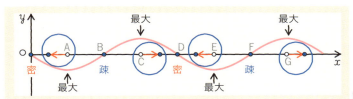

図6-29

止まっている場所はA，C，E，G　答

(3) 媒質の速さが最大になるところは，横波でも縦波でも，山と谷の中心を通るときです。

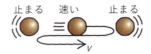

図6-30

このことから速さが最大なのは，中心にある O，B，D，F であることがわかります。

しかし，この問題では「右向き」に最大になる場所を選ばなければいけません。このような場合は，**波を動く方向に少しずらしてみましょう。**

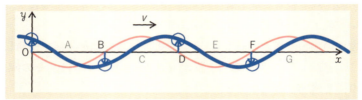

図6-31

すると O，D の媒質は，次に上にいくことがわかります。また B，F の媒質は，次に下にいくことがわかります。横波表記では，上にいくということは右にいくということを，下にいくということは左にいくということを表しているので，O と D の媒質が右向きに移動をし，かつ速さが最大であることがわかります。

右向きに速さが最大となっている場所は O，D　答

練習問題

次の図は，x 軸の正の向きに進む横波を表しています。図の時刻は 0 秒とします。

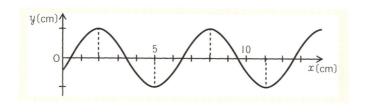

(1) この図の瞬間に，媒質が止まっている場所を x 座標（0 cm 〜 13 cm の範囲）で示しなさい。

(2) この図の瞬間に，媒質の速さが，下向きに最大になっている場所を x 座標（0 cm 〜 13 cm の範囲）で示しなさい。

解答・解説

(1) 横波の場合は，媒質は上下に振動しています。このことから，折り返し点である最高点と最下点では，媒質は必ず止まります。

このことから考えると，**振幅が最大である点が静止している**ことになります。

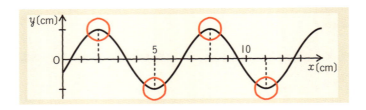

止まっている場所は，$x = 2, 5, 8, 11$ cm

(2) **媒質の速度が最大になるのは，山と谷の中心を通るとき**になります。

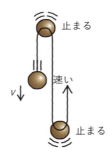

よって，下の図のように，y 軸の値が 0 になっているところで，速さは最大になっています。

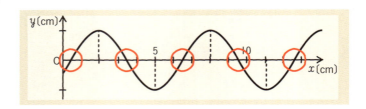

しかし，「下向き」に最大なのかどうかはわかりません。そこで，波を少し移動方向に動かしてみましょう。**「少し」動かすのがポイント**です。

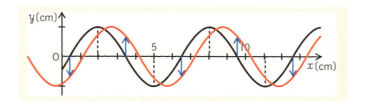

すると $x=0.5$ の位置の媒質は,次の瞬間に下に移動することがわかります。このように作図をして考えると,赤い丸で囲ったもののうち,下に動くものは $x=0.5$,6.5,12.5 の 3 つだということがわかります。

速さが下向きに最大になるのは,$x=0.5, 6.5, 12.5$ cm

≫ 3. 定常波

波は,ボールなどの粒子とは異なる不思議な性質をもっています。ここでは,波と波が衝突したらどうなるのかということについて,説明していきます。

へ〜,なんだか面白そう。

❶ 波の正面衝突と重ね合わせ

2 つの波をぶつけるとどうなるのでしょうか。物体である車と車の衝突事故のように,波も壊れてしまうのでしょうか。

ちょっとどんなふうになるのか,想像がつかないです。

では，両方から同時に同じ高さの「山」をつくって，ぶつけてみましょう。

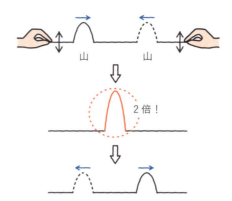

図6-32

　おたがいに進んできた2つの山がぶつかった瞬間，**なんと，盛り上がって高さが2倍になりました！**　そしてそのあと，何事もなかったかのように，スーっとそのまますり抜けて，移動していきます。

　次に，片方から「山」，もう片方から「谷」をつくってぶつけてみます。

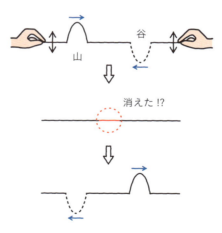

図6-33

　2つの波はぶつかった瞬間，消えてしまいました。しかし，消えたと思ったら，何事もなかったかのように，「山」は右側に，「谷」は左側に通り抜けていきます。

このように，2つの波がぶつかった部分では，振幅のみが足し合わされて，2倍にふくれ上がったり，消えてしまったりするのです。

山と山がぶつかった場合

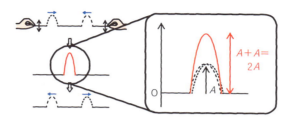

山と谷がぶつかった場合

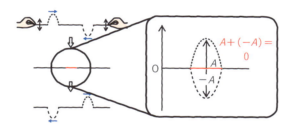

図6-34

この2つの波が足し合わされた波を**合成波**といいます。この，波特有の足し算を波の**重ね合わせの原理**といいます。

| 重ね合わせの原理 | Point! |

合成波 ＝ 波1の振幅 ＋ 波2の振幅

そして，2つの波がぶつかったあとは，それぞれの波はまるで何事もなかったかのように，すり抜けて進んでいきます。このことを**波の独立性**といいます。

❷ 波の反射

波を壁にぶつけるとどうなるのでしょうか。たとえば，お風呂で波を起こして，お風呂の壁にぶつけてみましょう。

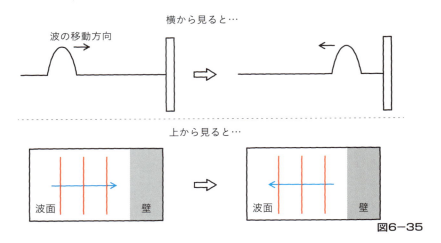

図6-35

図6-35の赤い線は，波を上から見たときの，山や谷をつらねた線を示しています。これを波面といいます。上から見たときの図からも，波の様子をとらえられるようにしておきましょう。

波は壁にぶつかると，…あら不思議！ 同じスピードで何事もなかったかのように返っていきます。この現象を**反射**といいます。

同じスピードで返るというのも，なんだか不思議だね。

壁にぶつかる前の波を**入射波**，反射された波を**反射波**といいます。

お風呂の例だけではわからないのですが，反射には**自由端反射**と**固定端反射**という，2種類の反射があります。それぞれの違いを見ていきましょう。

○ そのままの形で返ってくる「自由端反射」

お風呂の例は，自由端反射という種類の反射です。**自由端反射では，入射波で「山」をつくって壁にぶつけてみると，壁にぶつかった瞬間，波の振幅が2倍の高さになり，そのあと，反射波は「山」の形で返ってきます。**

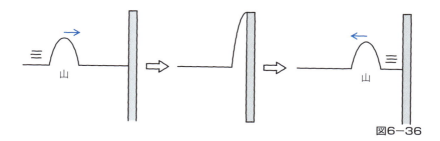

図6-36

また，「谷」をつくると，次の図のように反射波は「谷」で返ってきます。

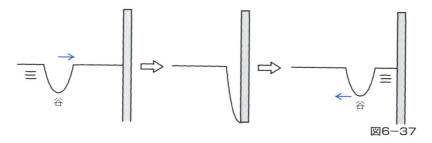

図6-37

山は山で，谷は谷で。このように**反射波が入射波と同じ形で返ってくる反射を自由端反射**といいます。

○ ひっくり返る「固定端反射」

　今度はひもを用意して,片方の端を手で持ち,もう片方の端を固定して,波を起こしてみましょう。

図6-38

　すると「山」で送った入射波は,端までいくとぶつかった瞬間に消えてしまったようになり,あら不思議！ そのあとに,**ひっくり返って「谷」で返ってきます。**また,「谷」を送ると,「山」で返ってきます。

図6-39

　このように,**山や谷の形がひっくり返ってくる反射を固定端反射**といいます。

○ 自由端反射と固定端反射の考えかた

　自由端反射はぶつかった瞬間,波の振幅が2倍になり,そのあと,山なら山,谷なら谷の同じ形の波が返ってきます。これはどのように考えるとよいのでしょうか。実は,p.234の**図6-32**で,2つの同じ形の波をぶつけた場合と,同じように考えることができます。

> 同じ形の波がぶつかった場合は… たしか,高さが2倍になるんだったよね（p.226）

　ためしに,次の図のように,p.234の**図6-32**の右半分を隠してみましょう。するとどうでしょう。**隠れていない部分だけを見ると,入射波が壁にぶつかった瞬間に2倍の高さになり,そのあと,同じ形で反射波となって返っていく**ことがわかります。

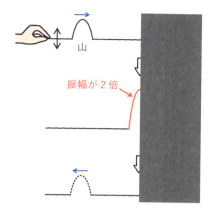

図6-40

　自由端反射とそっくりですよね！　このように考えると，入射波を起こしたと同時に，壁の中の世界に同じ形の波ができて，入れ替わったと考えることができます。このことは反射波を作図するときに大切なので，よく覚えておいてください。

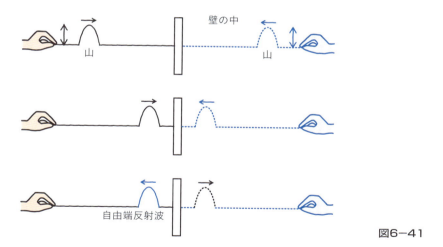

図6-41

　固定端反射も同様です。**固定端反射の場合は，ぶつかった瞬間に波の振幅が0になり，入射波が山だったときは，谷で返ってきます。これは，2つの山と谷の波をぶつけたときの図**(p.234 図6-33)**の右半分を隠したときと同じ状態**です。

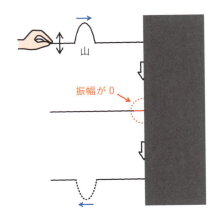

図6-42

　このように考えると，入射波を起こしたと同時に，壁の中の世界に逆の形の波ができて，入れ替わったと考えることで反射波をかくことができます。

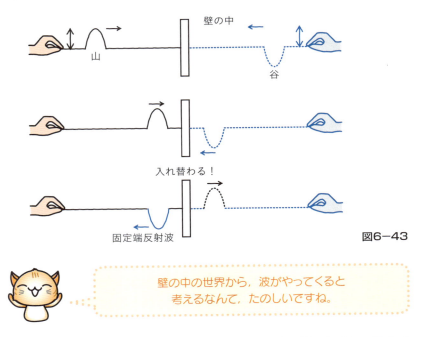

図6-43

> 壁の中の世界から，波がやってくると
> 考えるなんて，たのしいですね。

　それではこのことを使って，自由端反射・固定端反射それぞれの場合での反射波のようすが**作図できる**ようにしておきましょう。

練習問題

次の図は右方向へ進む入射波のようすを表しています。

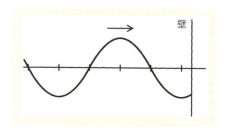

(1) 壁が自由端の場合の反射波のようすを表したのは，下の①〜⑥の赤い波のうちどれか，選びなさい。
(2) 壁が固定端の場合の反射波のようすを表したのは，下の①〜⑥の赤い波のうちどれか，選びなさい。
(3) 壁が固定端の場合の合成波のようすを表したのは，下の①〜⑥の赤い波のうちどれか，選びなさい。

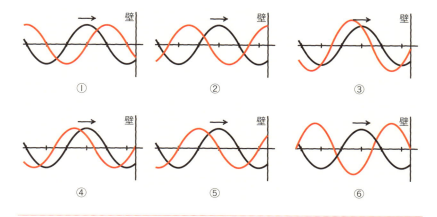

解答・解説

(1) このような問題の場合には、「壁の中の世界」を考えることがポイントです。**反射波の3ステップ解法**で解きましょう。

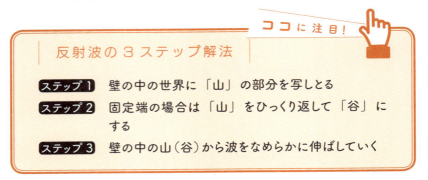

それではさっそく解いてみましょう。

ステップ1 壁の中の世界に「山」の部分を写しとる

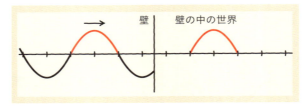

壁の中の世界を考えて、壁を境目にして線対称になるように、山を写しとります。

ステップ2 固定端なら「山」をひっくり返して「谷」にする

自由端反射の場合は、同じ形の波が出てくるので、そのままでOKです。次のステップに進みます。

ステップ3 壁の中の山（谷）から波をなめらかに伸ばしていく

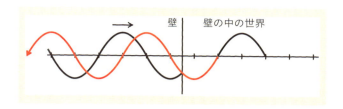

壁の中につくった山から，波をなめらかに伸ばしていきます。これで自由端反射の反射波の完成です！ ① **答**

(2) **ステップ1** までは先ほどと同じです。

ステップ2 固定端なら「山」をひっくり返して「谷」にする

固定端反射の場合は，壁の中に写しとった山をひっくり返して谷にします。固定端反射ではひっくり返った波が出てくるためです。

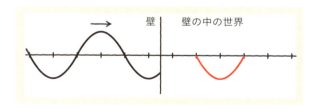

ステップ3 壁の中の山（谷）から波をなめらかに伸ばしていく

壁の中の谷から，なめらかに波を伸ばしていきます。

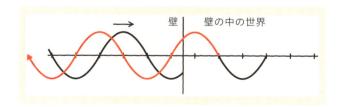

これで完成です。 ⑤ **答**

(3) 固定端反射の場合の，入射波と反射波を合成しましょう。下の図において，実線で入射波を，破線で反射波を示しました。重ね合わせの原理から，波は振幅方向のみの足し算となります。

　たとえば，次の図のようにAの場所では入射波の振幅しかありませんから，**合成すると赤丸をつけた場所になります。**

　Bの場所では入射波と反射波それぞれ振幅がありますから，足し合わせると，2倍の**青丸をつけたところまで合成波はいきます。**

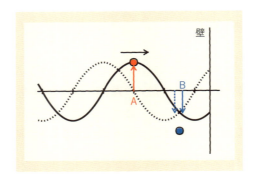

このように作図をしていきましょう。

　また，**固定端反射では反射するところ（壁）の振幅が必ず0になる**ことにも注意しましょう。作図をすると，次の図の赤い線で示されるような合成波ができます。

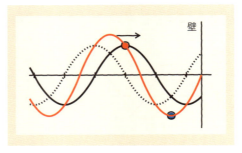

p.241の選択肢④は③と似ていますが，振幅が違いますね。　③　**答**

③ 反射＋波の重ね合わせ＝定常波

お風呂で**波を起こし続けた場合**を考えてみましょう。波は壁に向かって進んでいき，壁に到達すると反射されて返っていきます。この間にも新たに波がつくり出されているので，反射されて返ってきた波は新たな入射波にぶつかり，**波の重ね合わせが様々な場所で起こります**。

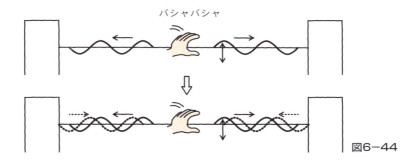

図6-44

すると，次の図のように，不思議な波が発生します。

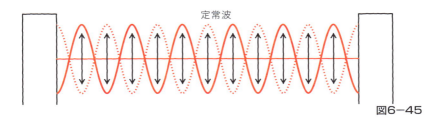

図6-45

波の左右の動きは止まり，上下に大きく振動する場所と，まったく振動しない場所ができます。この波を**定常波**（または定在波）といいます。

波なのに振動しない場所ができるなんて，不思議です。

定常波ができるしくみを説明するのが次の図です。黒の実線は右向きに進む入射波を，黒の破線は壁から返ってきた左向きに進む反射波を示しています。これらを重ね合わせた合成波の線を赤で示しました。

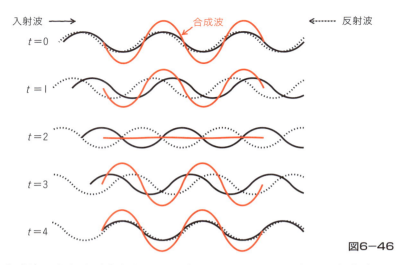

図6-46

　合成波のようすが少しわかりにくいので，$t=0$〜4までの合成波を1つの図に重ねてみます。

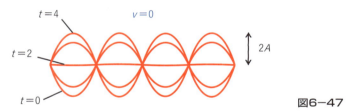

図6-47

　すると，$t=0$〜4へと時間がたっても，左右には動いていないことがわかります。これが定常波です。上下にバタバタと大きく振動する部分と，まったく振動しない部分に分けられます。以下の図のように，$t=0$と$t=4$のときの波を取り出すと，わかりやすいですね。

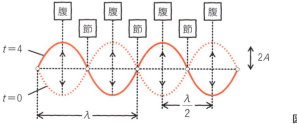

図6-48

定常波の激しく振動する部分を腹，まったく振動しない部分を節といいます。「腹と腹」や「節と節」の間隔は，入射波の波長と比較すると**波長の半分，$\dfrac{\lambda}{2}$になります。**

> なんだか覚えにくいですね。
> うまい覚えかたはないでしょうか？

　定常波は，葉っぱがたくさん連なっているように見えます。この葉っぱが2枚そろうと，元の波（入射波や反射波）の1波長になります。これを，「**定常波，葉っぱ2枚で　1波長**」と五・七・五のリズムで覚えておきましょう。Theme 7 の問題を解くときにも必要になりますよ。

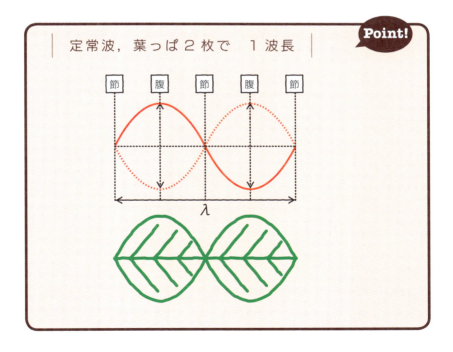

Theme 7 弦・気柱の振動

≫ 1. 音と波の関係
❶ 音波の正体

音って、「音波」っていいますよね？
音も波なんですか？

ノドに手をあてたまま、声を出してみてください。ノドが細か～く振動していることがわかります。音の正体は、この振動にあります。

次の図は、空気中にある空気の粒子（酸素分子や窒素分子など）をボールで示したものです。

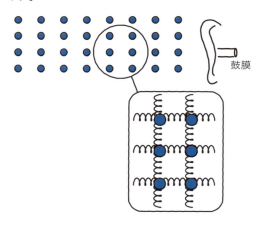

図7-1

このように粒子は、空気中に均一に広がっており、そして分子の間にはたらく力によって、まるで1つひとつがばねで結ばれているような状態になっています。太鼓などの楽器をたたいて、太鼓の膜が細かく振動すると、次の図のように、**空気中の粒子は左右に振動をはじめ、縦波となり伝わっていきます。**

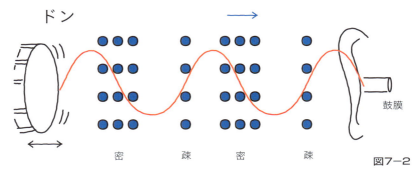

図7−2

この縦波が耳に届くと，鼓膜が振動して電気信号に変換されて，私たちは音を感じるのです。

これが音の正体です。**音は，媒質が「空気分子」の縦波だった**のですね。この音の波を音波といいます。図7−2の赤い線で示した横波は，縦波を横波表記したものです。

❷ 音の速さ

音の速さ V（音速）は，次の式のように気温 t（℃）に比例します。

音速の式（**覚えなくてよい**）

$$V = 331.5 + 0.6t \ \text{[m/s]}$$

温度は熱力学で学習したように，粒子の熱運動の激しさを表しています。音は空気分子がつくる波ですから，空気分子の運動と関係のある気温 t によって変化します。この公式は暗記せずに，「**だいたい音速は 340 m/s**」と覚えておきましょう。1秒間で 340 m も進むなんて，音波はずいぶんと速く伝わる波であることがわかりますね。

❸ 音の高低

音の高い・低いというのは，波のどのような要素と関係しているのでしょうか。手をノドにあてて，「アー」と高い声を出してみてください。次に「ア゛ー」という低い音を出してみてください。

高い音を出した時は，低い音を出したときよりも，ノドが細かく振動しているとわかったでしょうか？　実は，**音の高い・低いというのは音波の振動数（または周波数といいます）が関係しています。**

　高い音というのは振動数 f の大きい波，低い音というのは振動数 f の小さい波のことをいいます。通常気温は瞬間的に変化しないので，**音速 V が一定**だとすると，「波の公式 (p.218)」から

$$\underset{\text{一定}}{\boxed{V}} = f\lambda$$

となり，**f と λ は反比例の関係**になります。

　この式から考えると，「**振動数 f が大きな高い音は，波長 λ が小さくなり**」，「**振動数 f が小さな低い音は，波長 λ が大きくなる**」ことがわかります。

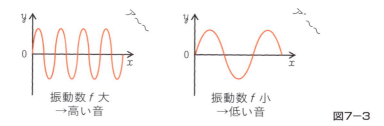

図7-3

❹ 音の大きさ

　太鼓を軽くたたくと小さな音が出て，太鼓を強くたたくと大きな音が出ます。つまり太鼓の膜が大きく振動すると，音は大きくなります。このように，**音の大きさは波の振幅 A の大きさと関係があります。**振幅 A が大きい波ほど，大きな音に聞こえ，振幅 A が小さい波ほど小さい音に聞こえます。

振幅 A 大
→大きい音

振幅 A 小
→小さい音

図7-4

⑤ 音色

　同じ高さの「ラ」の音を比べてみても，ギターのラとフルートのラは違ったように聞こえます。**発音体特有の音質**があるためです。これを**音色**といいます。これまでに紹介した「**高さ**」，「**大きさ**」，「**音色**」を**音の3要素**といいます。

⑥ うなり

　振動数が少し異なった2つの音を同時に聞くと，音が大きくなったり，小さくなったりして「**ウゥンウゥン**」と聞こえます。これを**うなり**といいます。**図7-5**は400 Hzの音と，少し振動数の異なる405 Hzの音を，重ね合わせの原理で足し合わせたものです。

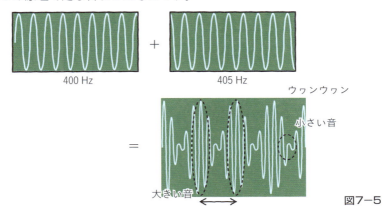

図7-5

252   Chapter_3   波動

　音波どうしが少しずつずれながら重ね合わさると，大きな振幅で振動するところ(音が大きくなるところ)と，小さな振幅で振動するところ(音が小さくなるところ)が，ある一定の間隔で連続して起こります。

　このようにして，耳には「ウゥンウゥン」と大きな音と小さな音が順番に聞こえます。これが「うなり」のしくみです。1秒あたりに聞こえるうなりの回数は，2つの音の振動数の差で求めることができます。

Point!

| うなりの式 |

1秒間に聞こえるうなりの回数　＝　$\left|f_1 - f_2\right|$

　今回の場合では

$$405 - 400 = 5$$

となり，1秒間に5回のうなりが聞こえることになります(大きいほうから小さいほうを引きましょう)。

練習問題

　私たちが聞くことのできる音の振動数は，20 Hz 〜20 kHz といわれています。私たちが聞くことのできる音の，波長の範囲を求めなさい。ただし，音速は 340 m/s とします。

解答・解説

　音波も波なので「波の公式(p.218)」を使うことができます。20 Hz の波長は波の公式より

$$\underset{340}{V} = \underset{20}{f} \;\; \lambda$$

これをλについて解くと，17 m となります。

次に、20 kHz の音について考えてみましょう。1 kHz＝1000 Hz なので、20 kHz は 20000 Hz です。同様に「波の公式 $V=f\lambda$」に代入して計算すると、波長は 0.017 m となります。

0.017 m 〜 17 m

>> 2. 弦の振動

① 弦の振動と定常波

弦をはじくと振動をはじめ、弦には定常波(p.245)**ができます。**次の図は、その振動パターンを並べたようすを表しています。左から**基本振動**、**2倍振動**、**3倍振動**という名前がついています。

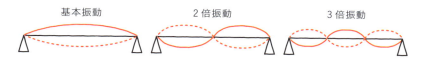

基本振動　　　　2倍振動　　　　3倍振動

図7-6

　弦の振動では、両端が固定されているため、つねに両端が動かない（両端が節の）定常波ができます。このような振動を**固有振動**といいます。また、固有振動の起こる振動数を、**固有振動数**といいます。

 用語がたくさん出てきましたね。しっかり覚えないと！

　では、どのようにして弦に定常波ができるのかを、見ていきましょう。

図7-7

　弦の中心をはじいた瞬間，弦の上を目には見えないような速さで，波が左右に伝わっていきます。**この波は弦の両サイドで反射（固定端反射）され，2つの反射波が重なり合う**ことにより，定常波がつくられます。

❷ 弦を伝わる波の波長

　弦に定常波ができて，基本振動が起こったとき，弦を伝わる波の波長は，どのように表すことができるのでしょうか。図7-8を見てください。弦の長さをL〔m〕とします。基本振動の場合は，葉っぱが1枚しかありません。p.247で説明した通り，「定常波，**葉っぱ2枚で1波長**」です。よって，**葉っぱ2枚の長さは$L×2＝2L$となります。これが基本振動の波長**です。

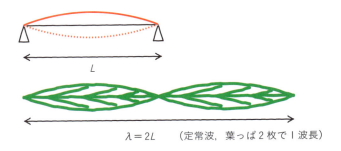

図7-8

　定常波の波長は，次の3ステップで調べていきましょう。

Theme 7 弦・気柱の振動 255

定常波の3ステップ解法
ステップ1　絵をかく
ステップ2　基本単位の葉っぱの長さを求める
ステップ3　葉っぱ2枚の長さから，波長を求める

2倍振動や3倍振動についても，波長λを調べてみましょう。

ステップ1　絵をかく

2倍振動は，図7-9のように，葉っぱが2枚入っています。

ステップ2　基本単位の葉っぱの長さを求める

弦の場合は，1枚の葉っぱの長さが基本単位となります。この長さを，まずは求めましょう。弦の長さが L なので，1枚の葉っぱの長さは，図から $\frac{1}{2}L$ とわかりますね。

ステップ3　葉っぱ2枚の長さから，波長を求める

「定常波，葉っぱ2枚で1波長」ですから，2倍して葉っぱ2枚にすると，L となります。これが，2倍振動における定常波の波長です。

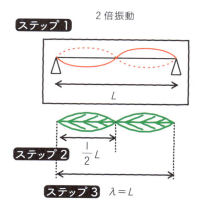

図7-9

3倍振動は，図7-10のように3枚の葉っぱが入っている(ステップ1)ので，1枚の葉っぱの長さは$\frac{1}{3}L$(ステップ2)。「定常波，葉っぱ2枚で1波長」から，2倍して2枚にすると，波長は$\frac{2}{3}L$となります(ステップ3)。

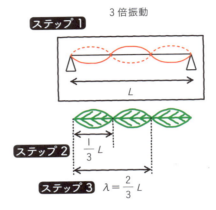

図7-10

それぞれの振動パターンの，波長λを求めることができました。弦を伝わる波の速さをvとして，振動数fを「波の公式$v=f\lambda$(p.218)」から求めたのが，次の表です。

	基本振動	2倍振動	3倍振動
絵	L	L	L
λ	$2L$	L	$\frac{2}{3}L$
v	v	v	v
f	$f=\frac{v}{2L}$	$f=\frac{v}{L}$	$f=\frac{3v}{2L}$

振動数fを見ると「2倍振動は基本振動の振動数を2倍した値」，「3倍振動は基本振動の振動数を3倍した値」であることに気がつくと思います。**振動の名前は，このように基本振動の振動数をもとにして，「○倍振動」という名前がつけられています。**

なるほど！ 葉っぱの枚数も
「○倍振動」は○倍になっているね。

また，振動数 f と弦の長さ L の関係について見てみましょう。たとえば，基本振動の振動数の式を見てみると

$$f = \frac{v}{2L}$$

と，**振動数 f と弦の長さ L は反比例の関係になっている**ことがわかります。同じ振動パターンをもつ定常波が起きた場合，たしかに弦の長さが長い(L 大)ほど低い音(f 小)が，短い(L 小)ほど高い音(f 大)が発生しますね。ギターなどの弦楽器を弾いたことがある人はわかると思いますが，弦を押さえて振動部分を短くすると高い音がでるのは，L が小さくなって f が大きくなるためなんですよ。

練習問題

長さ 0.80 m の弦におもりと発振器をつけて，100 Hz の振動を与えたところ，定常波が発生した。

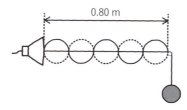

(1) 弦を伝わる波の波長を求めなさい。
(2) 弦を伝わる波の速さを求めなさい。

解答・解説

(1) 「定常波の3ステップ解法(p.255)」を使って求めてみましょう。

ステップ1 絵をかく

もう問題文に絵がかかれていますね。

ステップ2 基本単位の葉っぱの長さを求める

葉っぱの数を数えると，5枚あることがわかります。**弦の場合は，1枚の葉っぱの長さが基本単位です。** 1枚分は，0.80 m÷5＝0.16 mの長さです。

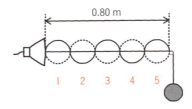

ステップ3 葉っぱ2枚の長さから，波長を求める

「定常波，葉っぱ2枚で1波長」でしたね。葉っぱ2枚分の長さを求めると1波長になります。0.16 m×2＝0.32 mとなります。

0.32 m

(2) 「波の公式 $v=f\lambda$ (p.218)」に振動数と波長を代入しましょう。

$$v = \underset{100}{f} \; \underset{0.32}{\lambda}$$

$v=32$ m/s

>> 3. 気柱の振動

次に管楽器の，管の中の空気（気柱）の振動するようすについて考えていきましょう。管楽器には両サイドが開いたフルートのような楽器と，片方の端が閉じたクラリネットのような楽器の2種類があります。前者を**開管**，後者を**閉管**といいます。それぞれの振動のようすを見ていきましょう。

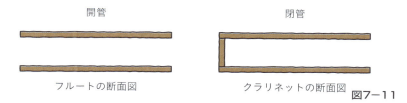

図7-11

❶ 開管

フルート（開管）に，勢いよく息を吹き込み，音の波（縦波）を起こします。

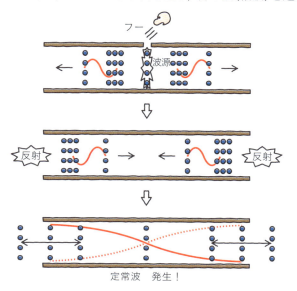

図7-12

すると，発生した音波は管の口までいくと，その一部は壁がなくても反射されて返っていきます。弦の場合と同じように反射波どうしは重なり合って，定常波が発生します。**定常波が管の中にできると，音波の振動が大きくなり，大きな音が生まれます。**このような現象を，**共振**または**共鳴**といいます。こうして，フルートは音が出るのですね。

❷ 開管の振動パターンと音の高低

次の図は，開管の中にできる定常波のようすを，単純なものから順番に並べたものです。

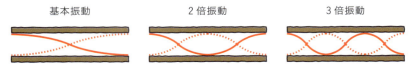

図7-13

開管の特徴は，管の口のあたり，**両サイドが自由端になる**ことです（弦の振動の場合は固定端でしたね）。すべての振動の両サイドで，定常波の口が開いて，腹になることがわかります。

> 今度は，葉っぱが半分に切れた形になっていますね。

弦の場合と同じように，それぞれの振動パターンにおける，振動数 f を求めてみましょう。

まずは，波長を「定常波の3ステップ解法（p.255）」で求めましょう。気をつけることは，**気柱の場合には，葉っぱ0.5枚の長さを基本の長さとすること**です。そして「定常波，葉っぱ2枚で1波長」より，基本の長さを4倍して，葉っぱ2枚の長さ，つまり1波長を求めていきます。

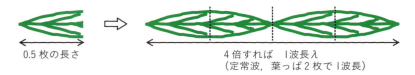

図7-14

ステップ1 絵をかく

次の図のように，それぞれの振動の絵をかきます。管の長さを L としています。

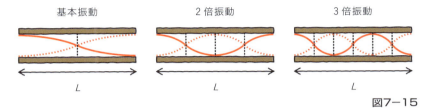

図7-15

ステップ2 基本単位の葉っぱの長さを求める

気柱の場合は，葉っぱ 0.5 枚の長さが基本の長さです。それぞれを見ていくと，基本振動の葉っぱ0.5枚の長さは $\frac{L}{2}$ です。同様に，2倍振動の場合は，葉っぱ0.5枚は4枚入っているので，その長さは，$\frac{L}{4}$ になります。最後に3倍振動は，葉っぱ0.5枚が……，

1, 2, 3 ……6！

そうです。6枚入っていますね。葉っぱ0.5枚の長さは，$\frac{L}{6}$ になります。

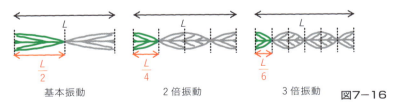

図7-16

262 Chapter_3 波動

ステップ3 葉っぱ2枚の長さから，波長を求める

「定常波，葉っぱ2枚で1波長」でしたね。**ステップ2**では，葉っぱ0.5枚の長さを求めたので，葉っぱ2枚にするために，それぞれ4倍しましょう。

基本振動

$$\lambda = \frac{L}{2} \times 4$$

$$= 2L$$

2倍振動

$$\lambda = \frac{L}{4} \times 4$$

$$= L$$

3倍振動

$$\lambda = \frac{L}{6} \times 4$$

$$= \frac{2}{3}L$$

これで，それぞれの振動パターンの波長を求めることができました。気柱の中で振動しているのは，空気分子そのものなので，波の速度は音速 V（およそ 340 m/s）とおきます（弦の場合は弦が振動しているので 340 m/s ではありません）。

このことから，**$V = f\lambda$ より f を求める**と，次の表のようになります。

	基本振動	2倍振動	3倍振動
絵	L	L	L
λ	$2L$	L	$\dfrac{2}{3}L$
v	音速 V	V	V
f	$\dfrac{V}{2L}$	$\dfrac{V}{L}$	$\dfrac{3V}{2L}$

$\times 2$　　$\times 3$

表を見ると，3倍振動がもっとも振動数 f が大きくなっており，高い音が出ていることがわかります。

また，振動数 f と管の長さ L の関係について見てみましょう。たとえば，基本振動の振動数 f は次のようになっていますね。

$$f = \frac{V}{2L}$$

このように，**振動数 f と管の長さ L は反比例の関係になっている**ことがわかります。よって，弦の場合と同様に，**管の長さが長い（L 大）ほど低い音（f 小）が，短い（L 小）ほど高い音（f 大）が発生します**。このことは，一般的に長い管楽器は低い音を，短い管楽器は高い音を出すということと一致します。

❸ 閉管

次に，閉管という片方が閉じている場合の振動について見ていきましょう。閉管の簡単な実験をしてみましょう。試験管やビンを用意して水を入れ，管の口に唇をつけて息を勢いよく吹き込んでみましょう。

図7−17

うわぁ！ 笛みたいな音がなりますね！

うまくいくと，「ボー！」っと船の汽笛のような大きな音がなります。これは，**ビンの中にできた音波が，水面とビンの口の両端で反射をして定常波をつくる**ためです。

次の図は，閉管の中に起こる定常波を，基本振動から3つ並べたものです。

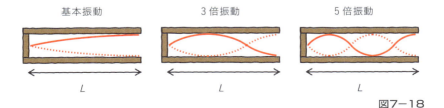

図7−18

閉管の中にできる定常波のポイントですが，**管の開いた部分では**，自由端反射となり，開管の場合と同じように定常波の口は開いて「**腹**」に**なります**。また，**管の閉じた部分で反射する音波**は，媒質が動けないため，固定端反射となり，定常波は閉じて「**節**」になります。

④ 閉管の振動パターンと音の高低

　ここで**図7-18**の3つの振動のパターンに戻り，それぞれの振動の名前に注目してください。真ん中の振動名が「3倍振動」，右の振動名が「5倍振動」とかいてあります。今まで通りなら，「2倍振動」，「3倍振動」となりそうなところです。なぜ「3倍振動」，「5倍振動」となるかというと，これは，この気柱にできた定常波の振動数と関係があります。

　それでは今までと同様に，振動数を求めてみましょう。振動数 f を求めるために，まずは波長 λ を求めていきます。「定常波の3ステップ解法（p.255）」より，開管の場合と同じように絵をかき（**ステップ1**），気柱の場合の基本単位である，葉っぱ0.5枚の長さを求めて（**ステップ2**），4倍して葉っぱ2枚の長さ，つまり波長 λ を求めましょう（**ステップ3**）。

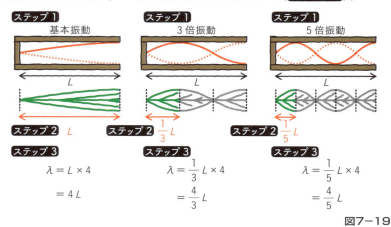

図7-19

　次に，速さを考えてみましょう。開管の場合と同様，音波の速度は音速 V（およそ340 m/s）です。それぞれ波の速さの公式 **$V = f\lambda$ を使って振動数 f を求める**と，次の表のようになります。

	基本振動	3倍振動	5倍振動
絵	L	L	L
λ	$4L$	$\dfrac{4}{3}L$	$\dfrac{4}{5}L$
v	音速 V	V	V
f	$\dfrac{V}{4L}$	$\dfrac{3V}{4L}$	$\dfrac{5V}{4L}$

×3　×5

　それぞれの振動パターンの振動数を比較すると，**3倍振動は基本振動の振動数の3倍，5倍振動は5倍になっているのがわかりますね。**これが振動名の由来です。

閉管の場合，奇数倍の振動名しかないというわけか。

練習問題

　気柱に空気を勢いよく入れたところ，次のような定常波ができた。この定常波の波長と振動数を求めなさい。ただし，音速は 340 m/s とする。

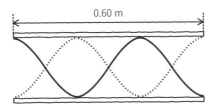

解答・解説

定常波の様子がわかっているときは、「定常波、葉っぱ2枚で1波長（p.247）」で、波長から求めてみましょう。「定常波の3ステップ解法（p.255）」を使います。

ステップ 1　絵をかく

もう問題文に絵がかかれていますね。

ステップ 2　基本単位となる葉っぱの長さを求める

気柱の場合、葉っぱ0.5枚が基本単位ですね。葉っぱ0.5枚は図中に6つあるので、その長さは 0.60÷6＝0.10 m です。

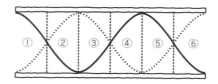

ステップ 3　葉っぱ2枚の長さから、波長を求める

「定常波、葉っぱ2枚で1波長」ですから、**ステップ 2** で求めた葉っぱ0.5枚の長さを4倍しましょう。0.10×4＝0.40 m となります。これで波長を求めることができました。

次に、振動数を求めます。「波の公式（p.218）」に代入しましょう。

$$\underset{340}{v} = f\ \underset{0.40}{\lambda}$$

この式から、振動数 f は 850 Hz となります。

波長 0.40 m　　振動数 850 Hz　答

❺ 開口端補正

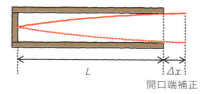
図7-20

　最後に，開口端補正について確認しておきましょう。実際に気柱の実験をすると，**管の口にある定常波の「腹」の部分（媒質が大きく左右にゆれる場所）は，出口よりも少し外側にはみ出ています**。このずれの長さを **開口端補正** といい，Δx で表します。

　問題文に「ただし，開口端補正は○ cm とする」などとあった場合は，管の全体の長さを $(L+\underline{\Delta x})$ として計算するようにしましょう。
　　　　　　　　　　　　　　　　　　　○ cm

268 Chapter_3 波動

Chapter 3 共通テスト対策問題

①

　次の文章は，管楽器に関する生徒 A，B，C の会話である。生徒たちの説明が科学的に正しい考察となるように，文章中の空欄 ア ～ ウ に入れる語句の組合せとして最も適当なものを，①～⑧のうちから一つ選べ。

A：気温が変わると管楽器の音の高さが変化するって本当かな。

B：管楽器は気柱の振動を利用する楽器だから，気柱の基本振動数で音の高さを考えてみようか。

C：気温が下がると，音速が小さくなるから基本振動数は ア なって音の高さが変化するんじゃないかな。

B：管の長さだって温度によって変化するだろう。気温が下がると管の長さが縮むから，基本振動数は イ なるだろう。

A：どちらの影響もあるね。二つの影響の度合いを比べてみよう。

B：調べてみると，気温が下がると管の長さは 1 K あたり全長の数万分の 1 程度縮むようだ。

C：音速は 15℃では約 340 m/s で，この温度付近では 1 K 下がると約 0.6 m/s 小さくなる。この変化の割合は 1 K あたり 600 分の 1 ぐらいになるね。

A：ということは， ウ の変化の方が影響が大きそうだね。予想どおりになるか，実験してみよう。

	ア	イ	ウ
①	小さく	小さく	音速
②	小さく	小さく	管の長さ
③	小さく	大きく	音速
④	小さく	大きく	管の長さ
⑤	大きく	小さく	音速
⑥	大きく	小さく	管の長さ
⑦	大きく	大きく	音速
⑧	大きく	大きく	管の長さ

（大学入学共通テスト試行調査）

解答・解説

①

空欄 ア ・ イ

管楽器の基本振動の振動数は，開管の場合は（p.262）

$$f=\frac{V}{2L}$$

また閉管の場合は（p.265），

$$f=\frac{V}{4L}$$

と表すことができます。どちらの場合もこれらの式から，音速 V が小さくなると，基本振動の振動数 f は小さくなります。

　また，気温が下がって管の長さ L が小さくなると，L が分母にあるため，基本振動の振動数 f はどちらの場合も大きくなります。

空欄 ウ

　気温の低下による「音速 V の変化」と「管の長さ L の変化」は，基本振動の振動数 f に対してそれぞれ別の結果になることが，ア ・ イ の考えからわかります。そこで大切なのが，ア と イ のどちらの

影響のほうが大きいのかを比較することです。会話文を見ると，気温が1 K下がると，管の長さ L は数万分の1縮み，音速 V は600分の1小さくなるということが書かれています。つまり，音速 V の変化のほうが影響が大きいことがわかります。

　この問題は「仮説を立ててから，実際に実験をしてみよう！」という，研究手順の流れ（仮説，実験の目的，実験，結果，考察，新たな疑問＆さらなる仮説）のサイクルの中から「仮説」の部分に焦点を当てた問題になっています。大学入学共通テストでは，このように研究手順の流れの中からの出題も見られます。

2

次の図のように，一方の端を閉じた細長い管の開口端付近にスピーカーを置いて音を出す。音の振動数を徐々に大きくしていくと，ある振動数 f のときに初めて共鳴した。このとき，管内の気柱には図のような開口端を腹とする定常波ができている。そのときの音の波長を λ とする。さらに振動数を大きくしていくと，ある振動数のとき再び共鳴した。このときの音の振動数 f' と波長 λ' の組合せとして最も適当なものを，下の①〜⑥のうちから一つ選べ。

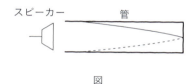

図

	f'	λ'
①	$\dfrac{3f}{2}$	$\dfrac{\lambda}{3}$
②	$\dfrac{3f}{2}$	$\dfrac{2\lambda}{3}$
③	$2f$	$\dfrac{3\lambda}{2}$
④	$2f$	$\dfrac{\lambda}{2}$
⑤	$3f$	$\dfrac{2\lambda}{3}$
⑥	$3f$	$\dfrac{\lambda}{3}$

（大学入学共通テスト試行調査）

272　Chapter_3　波動

解答・解説

②

閉管の基本振動の振動数と波長は（p.265），

基本振動　$f=\dfrac{V}{4L}$

$\lambda=4L$

です。振動数 f を大きくしていくと，音速 V は変化しないので，

　　「波の公式 $v=f\lambda$　（p.218）」

より，波長 λ は小さくなります。つまり，葉っぱ1枚の長さが小さくなり，閉管の基本振動の次の共鳴の形，3倍振動になると再び共鳴が起こります。

3倍振動の振動数 f' と波長 λ' は

$f'=\dfrac{3V}{4L}$

$\lambda'=\dfrac{4}{3}L$

です。なお，これらの式は暗記をするのではなく，それぞれの振動のようすを絵でかけるようにしておき，そのようす（葉っぱの数）から，波長を考えて，振動数を求める，という流れで式を導けるようにしておきましょう。

基本振動の場合の振動数 f・波長 λ と比べると

振動数 f' は3倍 $\left(f'=\dfrac{3V}{4L}=3f\right)$

波長 λ' は $\dfrac{1}{3}$ 倍 $\left(\lambda'=\dfrac{4}{3}L=\dfrac{1}{3}\lambda\right)$

になっています。

⑥　　**答**

273

Theme 8 静電気

　毎日，私たちは電気を利用して生活していますが，電気は直接見たり，さわったりすることはできません。電気とは一体，どういうものなのでしょうか？　それを理解するには，電子の動きをイメージすることが大切です。まずは，静電気について学んでいきましょう。

>> 1. 静電気力
❶ 電子と電荷
　電気には**同符号の電気はおたがいに反発し，異符号の電気はおたがいに引き合う**性質があります。

電気の性質　　　　　　　　　　図8-1

　この電気の力を**静電気力**といいます。下じきで頭をこすってから，下じきを持ち上げると，髪の毛は下じきに引きつけられて，逆立ちます。何もしなければ，下じきに髪の毛は引きつけられません。この現象には，静電気力が関係しています。

　この現象の理由を知るには，物質を構成している原子の構造を知る必要があります。すべての物質は原子からできています。原子は中心にプラスの電気をもつ陽子を含んだ**原子核**と，そのまわりに存在するマイナスの電気をもつ**電子**からできています。

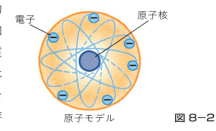

原子モデル　　　　図8-2

最もシンプルな構造をしている水素の原子は，中心に陽子が1個あり，そのまわりを電子が1個飛び回っています。ヘリウムは陽子が2個あり電子も2個，リチウムなら陽子が3個あり電子も3個……のように，陽子の数が増えると飛び回る電子の数も増え，原子の名前や性質が変わります。

 陽子の数と電子の数は，同じなんですね。

　プラスの電気をもつ陽子1個と，マイナスの電気をもつ電子1個は，符号が逆で，電気の大きさは同じです。水素は**通常の状態では**，陽子と電子を1個ずつもっているので，水素原子全体の電気の和は0となっています。ヘリウムは陽子2個と電子2個で，やはり数がそろっているため，電気を帯びていません。リチウムも陽子3個に対して電子3個……と，このように**通常の状態の原子は，電気の和が0になっており，電気を帯びていません**。

　でも，注意してください。**あくまで「通常時」では！**　です。
　摩擦などにより外部から原子がエネルギーをもらうと，電子がはがれて，ほかの物質へと移動することがあります。

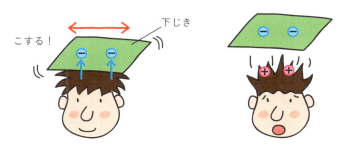

下じきは－に，髪の毛は＋に，電気を帯びる

図8-3

　下じきで頭をこすると，髪の毛を構成する物質から，電子が引きはがされて，下じきに移ってしまいます。このため，下じきにはマイナスの電気をもった電子が過剰になるため，マイナスの電気を帯びます。

電子が1つ下じきへ移動するようすを、図と数式で表すと、次のようになります。

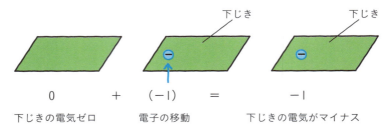

図8-4

また、電子をあげた髪の毛のほうはというと、電気がゼロの状態からマイナスの電気である電子が出ていってしまったため、結果としてプラスの電気を帯びます。ちょっとわかりにくいと思うので、図と数式で表すと、次のようになります。

図8-5

このようにして**プラスの電気をもつことになった髪の毛**と、**マイナスの電気をもつことになった下じき**は、**静電気力によって引き合う**というわけです。

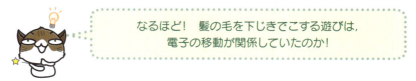

なるほど！ 髪の毛を下じきでこする遊びは、電子の移動が関係していたのか！

この例の下じきや髪の毛のように、物体が電気の性質をもつことを**帯電**といいます。また、**物体がもつ電気を電荷**といいます。そして、**電荷がもつ電気の量を電気量**といい、一般に記号 Q で表します。

電気量 Q の単位は **C（クーロン）** といいます。電子の移動によって電気が発生するので，電気の最小単位は，**電子1個がもつ電気量で，これを電気素量**といいます。電気素量は $1.6×10^{-19}$ C という値であることがわかっています。

❷ 導体と不導体

下じきなどを帯電させて，**箔検電器**（はくけんでんき）という装置の上部にある，円形の金属板に近づけてみましょう。円形の金属板と，ビンの中に2枚あるうすい金属の箔は，金属の棒でつながっています。帯電した下じきを近づけると，ビンの中にある箔がパッと開きます。

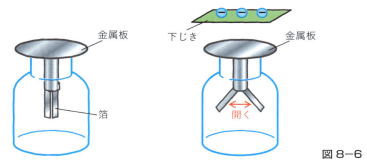

図8-6

この現象は，円形の金属板も箔も「金属」でできていることと関係があります。もし，紙やゴムの素材でできていたとすると，箔は開きません。

なんで箔が開くんですか？ 不思議だな〜。

物質を構成する原子の間を，電子が動きやすい物質と動きにくい物質があります。 Theme 9 でくわしくお話ししますが，電子が動きやすいということは，電流が流れやすいことと同じです。金属のように電流が流れやすい物質を**導体**といい，紙やゴムなどのように電流が流れにくい物質を**不導体**といいます。

なぜ金属には電流が流れやすいのかというと，金属は金属結合という特殊な結合をしているからです。この結合では，各原子間で自由に動き回ることができる電子（これを **自由電子** という）を分かち合っています。

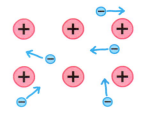

図8-7

　つまり，電子がやたらめったらいろいろな場所で，自由に金属の内部を泳いでいるようなイメージです。このため電子が動きやすく，電流が流れやすい状態になっています。ただし，金属全体では，＋の電気をもつ陽子と－の電気をもつ電子の数が同じなので，帯電はしていません。

❸ 静電誘導と箔の開くしくみ

　図8-8のように，金属にプラスに帯電した棒を近づけてみた場合を考えましょう。帯電棒の影響によって，マイナスの電気をもつ自由電子は，帯電棒の近くに集まっていきます（②）。そのため，金属の上方はマイナスの電気が過剰になり，マイナスに帯電します。それに対して，金属の下方はマイナスの電気が不足してしまうため，相対的にプラスに帯電します（③）。この現象を **静電誘導** といいます。自由に動ける電子をもっている，金属ならではの現象です。

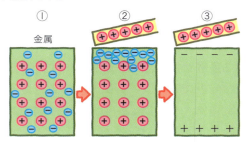

図8-8

静電誘導において大切なことは，自由電子の数が増減しているのではなく，金属内での自由電子のバランスが変化した結果，帯電するということです。

箔検電器の箔が開いたのは，この静電誘導と関係があります。金属板と箔は，**図8－9**のように，はじめの状態では＋と－がまんべんなく分布している状態です。

図8－9

ここにプラスに帯電した物体を近づけると(①)，先ほどの金属板と同じように静電誘導が起こり，自由電子が帯電棒に引き寄せられて上方に移動します(②)。

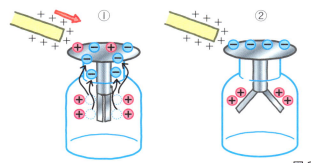

図8－10

その結果として，下部にあった箔から，自由電子がいなくなってしまいます。そのため箔はプラスに帯電します。**このことにより，箔どうしが静電気力によって反発し開きます。これが箔検電器の開くしくみです。**

マイナスに帯電した物体を箔検電器に近づけた場合，金属板にあった電子が，箔のほうへと逃げていきます。そのため，金属板は相対的にプラスに帯電し，箔はマイナスに帯電するので，箔どうしが反発して開きます。

このように，ある物体を箔検電器に近づけたときに箔が開くかどうかで，その物体が帯電しているかどうかがわかります。

280　Chapter_4　電磁気学

練習問題

問1　箔検電器の動作を説明する次の文章の空欄 ア ～ ウ に入れる記述 a ～ c の組合せとして最も適当なものを，下の①～⑥のうちから1つ選べ。

　　帯電していない箔検電器の金属板に正の帯電体を近づけると， ア ため自由電子が引き寄せられる。その結果，金属板は負に帯電する。一方，箔検電器内では イ ため帯電体から遠い箔の部分は自由電子が減少して正に帯電する。帯電した箔は， ウ ため開く。

a　同種の電荷は互いに反発しあう
b　異種の電荷は互いに引き合う
c　電気量の総量は一定である

	ア	イ	ウ
①	a	b	c
②	a	c	b
③	b	a	c
④	b	c	a
⑤	c	a	b
⑥	c	b	a

問2　箔検電器に電荷 Q を与えて，図2(a) で示したように箔を開いた状態にしておいた。次に箔検電器の金属板に，負に帯電した塩化ビニル棒を遠方から近づけたところ，箔の開きは次第に減少して図2(b) のように閉じた。はじめに与えた電荷 Q と図2(b) の状態の金属板の部分にある電荷 Q' にあてはまる式の組合せとして正しいものを，次ページの①～⑥のうちから1つ選べ。

Theme 8 静電気 281

図2

① $Q>0$, $Q'>0$　　② $Q>0$, $Q'=0$
③ $Q>0$, $Q'<0$　　④ $Q<0$, $Q'>0$
⑤ $Q<0$, $Q'=0$　　⑥ $Q<0$, $Q'<0$

センター試験

解答・解説

問1

　この問題は今までの説明をしっかりと読んでいればわかりますよね。まず正の帯電体を近づけたので，金属板にはマイナスの電気をもつ自由電子が集まってきます。よって ア に入るのは，「b　異種の電荷は互いに引き合う」です。

　次に イ と ウ についてですが，下部にある金属箔の自由電子が上部に引き寄せられていってしまったため，マイナスが少なくなった箔はプラスに帯電して開きます。自由電子が外に逃げていったわけではないので，このとき全体の電気量は保存されています。電気は突然現れたり消えたりはせず，限られた範囲内で移動するだけです。移動先まで含めれば，電気の総量は変化しません。これを「**電気量保存の法則**」といいます。

　このことから イ の答えは「c　電気量の総量は一定である」， ウ の答えは「a　同種の電荷は互いに反発しあう」となります。「b，c，a」の順になりますね。

④ 答

問2

　はじめの箔検電器に与えた電荷 Q がプラスの場合と，マイナスの場合でそれぞれ考えてみましょう。プラスの場合，箔はプラスに帯電して開いています。

　本当は金属板も含め，全体が正に帯電をしているのですが，箔の動きを知りたいため，上の図では泊のみプラスの電気をかいています。
　ここにマイナスの帯電体を近づけると，金属板にある自由電子はより遠い箔のところまで移動していきます。この結果，箔ではプラスとマイナスの電気のバランスがとれて，箔は閉じます。問題文と合った現象ですね。

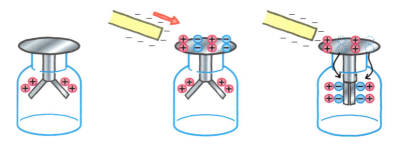

　もしはじめに，箔検電器にマイナスの電荷が与えられていた場合はどうなるのでしょうか。
　箔ははじめマイナスに帯電しています。負の帯電体を金属板に近づけると，自由電子は先ほどと同じように箔の部分まで移動します。その結果，箔ではさらにマイナスの自由電子が集まってくるので，より大きな静電気力で反発し，箔はますます開きます。これは，問題文の結果と合いませんね。

Theme 9 電気回路

≫ 1. 電流と抵抗

❶ 電流とは

　静電気の次は，動く電気，つまり電気の流れである**電流**について見ていきましょう。電池と豆電球を導線でつなぐと，導線には電気が流れ，豆電球は光ります。

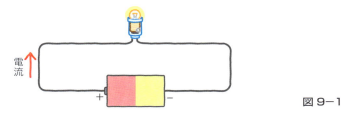

図9-1

　このとき，導線をペンチなどで切ってしまうと，豆電球の光は消えてしまいます。つまり，豆電球が明るく光っているとき，導線の中には何かが流れていると考えられます。**このとき導線に流れているものを電流といいます。**電流が発見された当初，電流の正体はよくわかっていませんでした。そのため，プラスの電気をもった粒子が，電池のプラス極から出て導線を通り，マイナス極に入り込む，これが電流であるときめて，使うことになりました。

　しかし，この考えかたは，誤りであったことが，あとになってわかります。真空にしたガラス管の両端に電極を封入し，極板間に高い電圧（電流を流そうとするはたらき）を加える実験をしたところ，「**マイナス極からプラス極に向かって」発光するビーム**が観察されたのです。**マイナス極（陰極）**から出ていることがわかったため，これを**陰極線**といいます。

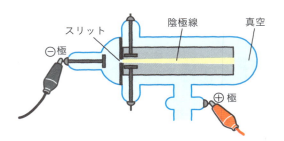

図 9-2

電流というとプラスだと思ってたけど，正体はマイナスだったってことですか！？

　そう，このビームの正体こそ，導線を流れていたものであり，その電気的な性質から，**このビームは「マイナスの電気」をもった粒子の集まり**であることがわかりました。この正体は，みなさんがここまでで勉強してきた，静電気を引き起こす原因の電子だったのです。

　つまり，導線の中では，自由電子が電池のマイナス極から出て，導線を通り，プラス極に入り込んでいたのです。電流の正体がわかったあとも，"電流はプラスの電気の流れである"という歴史的な流れにそった定義で使われているため，次の図のように，電子の流れと電流の流れはあべこべになっています。

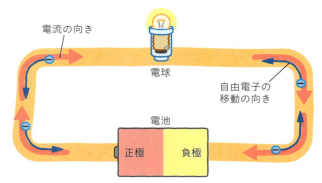

図 9-3

でも、安心してください！　このことによって何か問題が生じるかというと、そうではありません。**実は、プラスの電気の流れとして電流を定義しても、大きな支障はなかったのです。**次の図9−4は、マイナスの電気である電子が順番に左方向に動いていくようすを表しています。これが実際に導線の中で起こっている電子の流れです。プラスは金属の原子核を示しており、動くことはありません。

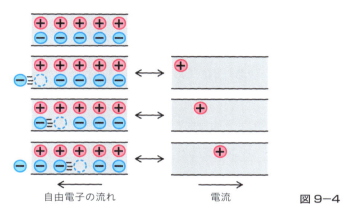

自由電子の流れ　　　　　電流　　　　　図9−4

ここで、マイナスとペアになれていないプラスの原子核に注目すると、プラスの電気が右向きに移動しているように見えるのがわかります。このように、実際にはマイナスの電気をもつ電子の流れる向きは左方向ですが、**電子と同じ電気量をもつプラスの電荷が右に流れたと考えても、「電気量」の移動としては同じことになります。**つまり、計算上ではまったく問題はないのです。

❷ 電流の大きさとその単位

電流の大きさは次のように、**単位時間あたり（1秒間）に導体の断面を通過する電気量**で定義されています。

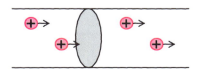

図9−5

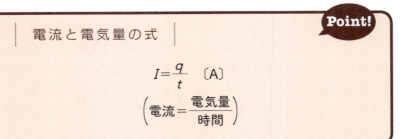

たとえるなら車の交通量のようなものです。1分で何台車が通ったのかを数えることによって，その道路の車の交通量がわかりますよね。同じように**電流も1秒あたりに，ある場所を通過した電気量が電流の大きさになります。**電流の単位は **A（アンペア）** を用います。

$I=\dfrac{q}{t}$ を式変形すると $q=It$ となります。q というのは，t 秒間で導体の断面を通過した総電気量のことです。たとえば，「0.50 A の電流を 6.0 秒間流したときに，導線を通過した電気量はいくらか？」と問われたら，0.50 A×6.0 秒＝3.0 C となります。

p.277 で説明した，電気量の単位である **C（クーロン）** は，「**1 A の電流が1秒間流れたときに移動する電気量**」と決められています。$q=It$ より 1.0 A×1.0 秒＝1.0 C ということですね。

❸ オームの法則

電気回路とは，電池や電熱線・豆電球などがつながれたもののことです。**電気回路に電流を流そうとするはたらきを電圧**といい，単位には **V（ボルト）** を使います。電池と電熱線を導線で結んで，電熱線に電圧をかけると電流が流れて熱くなります。

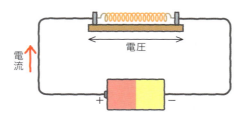

図 9-6

電気回路を図示するとき，回路記号を用いることがあります。電池の回路記号は次の図のように，**線が長いほうが＋極，短いほうが－極**です。電熱線をはじめとする**抵抗**とよばれる素子(回路を構成する部品)は，長方形をかいて表現します。

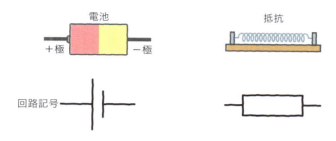

図 9-7

図 9-6 の電気回路を回路記号で表すと，次のようになります。

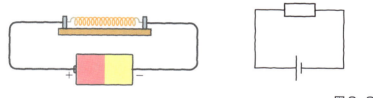

図 9-8

単 1 でも単 3 でも，一般的な乾電池の電圧は 1.5 V にそろえてあります。電池を複数個用意するなどして，電圧をいろいろと変えて，抵抗(電熱線)に流れる電流を計ると，次の図のように電圧と電流は比例関係になります(R は定数)。

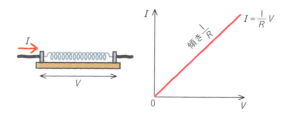

図 9-9

288   Chapter_4   電磁気学

> ## オームの法則
>
> **Point!**
>
> $$V = IR$$
> （電圧＝電流×抵抗値）

つまり，大きな電圧をかけるとその分，回路に流れる電流も大きくなるということがグラフからわかります。グラフの傾きを示す比例定数の R は，抵抗の種類によって変わります。**グラフの傾き $\dfrac{1}{R}$ が小さい（R が大きい）ほど，同じ電圧であっても電流は流れにくい**ということを示すので，R を**抵抗値**といいます。抵抗値の単位には**Ω（オーム）**を用います。

❹ 水路モデルによる電気回路のイメージ

豆電球と電池を導線でつなぐと，豆電球が光ります。このとき，あたかも電池から電気がわき出したように思うかもしれませんが，実はそうではありません。電気量保存の法則(p.281)が示すように，**電気量は突然増えたり消えたりしてしまうことはありません。**

電池は電気をつくり出す場所ではなく，導線の中にすでにある電気（自由電子）に電圧をかけて動かすための装置です。

電気回路を水路モデルにたとえてみましょう。電池は水を高い場所まで運ぶためのポンプ，＋の電荷は水分子，抵抗は水車と考えて，電気回路で起こっていることをイメージしてください。

電池をつながずに抵抗（電熱線）と導線をつないで回路をつくっても，電熱線は熱くなりません。これは水平な地面の上に水路と水車をつないだ，次のようなイメージと同じです。

Theme 9　電気回路　289

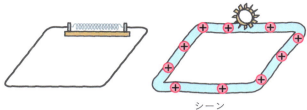

シーン
図9-10

　水路の中に水はあっても，水平なので水の流れはありませんし，水車も回ることはありません。
　この回路に電池を入れたときのようすが，次の図となります。

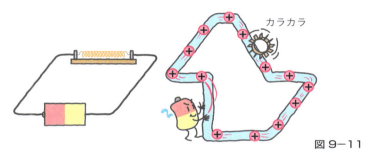

カラカラ
図9-11

　電池はプラスの電荷を高い場所まで運ぶポンプの役割をしています。ポンプによって高い場所に持ち上げられた水（プラスの電荷）は低い場所に向かって流れはじめます。そして水車の役割をするのが抵抗で，水流を使って水車が回るのと同じように，**電荷のもつ位置エネルギーを使って抵抗は仕事をします。この仕事が，熱や光となるため，**抵抗である電熱線は熱くなります。

 電池は高低差をつくって，
プラスの電荷が流れるようにするんだね。

　水車が回ったからといって水の量が減ったりしないのと同じように，**抵抗を通ったからといって，プラスの電荷がなくなるわけではない**ことに注意しましょう。

❺ 電気抵抗の公式

導線を流れるプラスの電荷の立場になってみると、抵抗は流れを妨げる部分です。水道管をイメージしてください。**抵抗値の大きさは、その抵抗の長さ L が長いほど大きくなります。** また、断面積の大きい、太い水道管ほど水は流れやすく、その逆で細い水道管ほど水は流れにくくなります。抵抗も同じで、**断面積 S が大きいほどプラスの電荷は流れやすい、つまり断面積 S が大きいほど抵抗値は小さくなります。** 抵抗の断面積の大きさと、抵抗値の大きさは反比例の関係にあるのです。

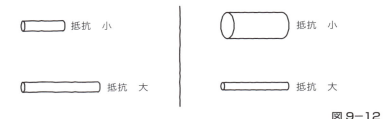

図9-12

これらのことを数式にまとめると、抵抗値 R は次のように表されます。

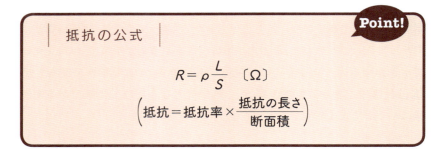

抵抗の公式 Point!

$$R = \rho \frac{L}{S} \ (\Omega)$$

$$\left(抵抗 = 抵抗率 \times \frac{抵抗の長さ}{断面積} \right)$$

ρ を**抵抗率**といいます。抵抗率は電流の流れにくさを示し、その抵抗の素材によって異なります。たとえば、銅の抵抗率は 1.7×10^{-8} ($\Omega \cdot $m)、鉄の抵抗率は 1.0×10^{-7} ($\Omega \cdot $m) という具合です。電流が流れないように思えるゴムにも、高電圧を加えると電流は流れます。ゴムの抵抗率はおよそ 10^{13} ($\Omega \cdot $m) です。かなり大きいですね。

ゴムって，電気を流さないのではなく
すごく流しにくいだけなんですね。

　金属は自由電子をもっているため，電流が流れやすい性質があります。このような物質を**導体**といいます。一方で，ゴムのような自由電子をもたない，電流が流れにくい物質を**不導体**といいます。
　導体と不導体の中間の抵抗率をもっている物質，ゲルマニウムやシリコンなどを半導体といいます。半導体は本来，自由電子をもっていませんが，温度が上昇すると一部の電子が自由に移動できるようになり，電流が流れます。

❻ ジュール熱・電力量の公式

　ホットカーペットやアイロンは，抵抗に電流を流したときに発生する熱を利用しています。科学者のジュールさんは，抵抗に電流を流したときに発生する熱(**ジュール熱**)と，流した電流や導線にかけた電圧との関係を調べました。その結果，発生する熱は次の式で示されることがわかりました。

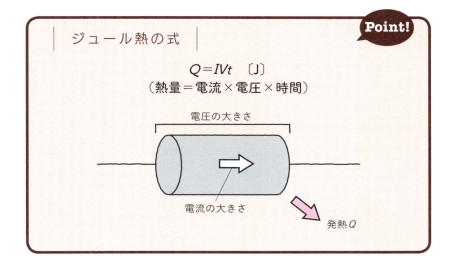

ジュール熱の式

$$Q = IVt \ \text{(J)}$$
（熱量＝電流×電圧×時間）

ジュール熱は，抵抗に流れた電流 I と抵抗にかかった電圧 V にも比例し，電流を流した時間 t にも比例します。熱なので単位は J（ジュール）を使います。

抵抗ではなく，モーターに電流を流すと，モーターは回転をして仕事をします。このときのモーターのする仕事を**電力量**といいます。電力量もジュール熱と同じように，電流 I や電圧 V，加えた時間 t に比例します。

> | 電力量の式 |　　　　　　　　　　　　　　Point!
>
> $$W = IVt \ \text{〔J〕}$$
> （電力量＝電流×電圧×時間）

> ジュール熱の式と電力量の式は
> 同じなの!?

電気のエネルギーが熱に変換される場合はジュール熱，仕事に変換される場合は電力量，何に変わったかが違うだけなので，式は同じになるのです。

それでは，ジュール熱や電力量に変換される，電気エネルギーを示している IVt の3つの要素について，水路モデルでイメージしてみましょう。

水車の回転量が変換されるエネルギー量です。水路から水を落として，水車を回したい，つまり電気エネルギーを取り出したいとします。水車をより速く，もしくは，よりたくさん回すには，次の3つの方法があります。

> ・水路を流れる水を増やす→電流 I を大きくする（①）
> ・水路の高さを高くする→電圧 V を大きくする（②）
> ・長い時間，水を水車に当てる→時間 t を長くする

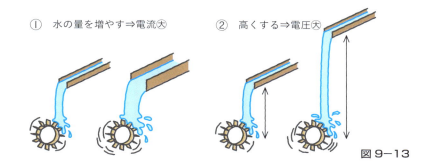

① 水の量を増やす⇒電流大　② 高くする⇒電圧大

図9-13

　これが電気エネルギーにI, V, tの3つの要素が関わっていることのイメージです。
　また，電流と電圧の積のIVを**電力**といい，Pで表します。

> **電力の公式**
>
> $P = IV$　〔W〕または〔J/s〕
> （電力＝電流×電圧）

　電力の単位は**W（ワット）**を使います。このことから抵抗が消費するエネルギーの式（IVt）を，電力Pを使ってまとめると，次の式で表されます。

$$W = IV\ t$$
$$W = P\ t$$

電力量　＝　電力　×　時間

　このように電気エネルギーの量は，電力と時間の積で示されます。ここで，この式をPについて解いてみましょう。

$$P = \frac{W}{t}$$

電力　＝　電力量　÷　時間

294　Chapter_4　電磁気学

　この式をよく見ると，電力とは**1秒間で使用する電気エネルギー量**
（電力量）を示します。これは力学で学んだ仕事率（p.170）と同じもの
を示しています。たとえば100 Wの電球というのは，1秒で100 Jのエネ
ルギーを使う電球ということになります。電力の単位は組立単位のJ/sで
す。〔J/s〕＝〔W〕なんですよ。

❼ 電気料金と電力量

　私たちは，発電所から送られてくる電気のエネルギーを使って生活をし
ています。1秒間で使ったエネルギーが電力で，単位はWです。

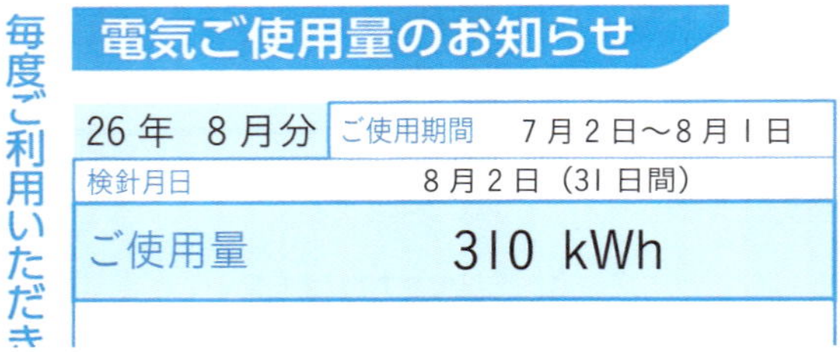

図9−14

　電気料金の請求書を見ると，**図9−14**で示したように，310という数
字のあとに**kWh（キロワット時）**という単位がかかれています。この
310 kWhという数字は，**電気エネルギーをどれだけ家庭で使用したの**
かを示します。電気料金の計算は，この単位を元に計算されています。
　k（キロ）は1000を示すので，1 kWh＝1000 Whという意味です。

　次に，Wh（ワット時）とは電力（W）と時間（h）を掛け合わせたものです。
たとえば100 Wの電球を1時間つけているとすると，電力量は
$$100 \text{ W} \times 1 \text{ h} = 100 \text{ Wh} = 0.1 \text{ kWh}$$
となり，100 Wの電球を2時間つけているとすると，電力量は
$$100 \text{ W} \times 2 \text{ h} = 200 \text{ Wh} = 0.2 \text{ kWh}$$
となります。

電力会社によって異なりますが、1 kWhが20円と決められていたとして、500 Wの電気ストーブを4時間つけておいたときの電気料金を計算してみましょう。まず電力量を求めます。

500 W×4 h＝2000 Wh＝2 kWh

1 kWhあたり20円なので、2 kWhなら2×20＝40円となります。毎日このように使い続ければ、1ヵ月でだいたい40円×30日＝1200円が電気ストーブによってかかることがわかります。実際には、この使用料金に加えて、電気のアンペア数の契約による基本料金など、電気代を計算する要素はほかにもあります。

電力量 IVt の3つのどれかを減らせば、省エネになって電気代も減るんですね！

練習問題

(1) 導線に0.80 Aの電流が流れている。この導線の断面を2.0秒間に通過する自由電子の数を求めなさい。ただし、自由電子1個の電気量の大きさ（電気素量）は $1.6×10^{-19}$ C とする。

(2) 断面積6.0 mm² で長さが $5.0×10^2$ mの導線の抵抗は何Ωですか。銅の抵抗率は $1.7×10^{-8}$ Ω・m とします。

(3) 6.0 Ωの抵抗に1.5 Vの乾電池をつないだ。このときに抵抗に流れる電流を求めなさい。

(4) 9.0 Vの電源に、ある1個の抵抗をつなぎました。1.5 Aの電流がこの抵抗に流れたとき、1分で発生するジュール熱を計算しなさい。

296　Chapter_4　電磁気学

解答・解説

(1) 電流とは，1秒間に導線の断面を通った電荷の電気量 ($I=\dfrac{q}{t}$) を示しています。0.80 A ということは，この導線には1秒間に 0.80 C の電荷が流れていることになります。2秒間ではその2倍の 1.6 C となります。自由電子1個のもつ電気量は 1.6×10^{-19} C なので，2秒間に自由電子が通った数は，次の計算式で表されます。

$$自由電子の数 = \frac{全体の電気量}{電荷1個の電気量} = \frac{1.6}{1.6\times 10^{-19}}$$

通過した自由電子の数は **1.0×10^{19} 個**

(2) 「抵抗の公式 (p.290)」に，それぞれの値をあてはめて考えましょう。ここで，単位をそろえることに注意しましょう。断面積を m² に直さなければいけません。1.0 mm = 1.0×10^{-3} m なので
1.0 mm² = 1.0 mm × 1.0 mm = 1.0×10^{-3} m × 1.0×10^{-3} m = 1.0×10^{-6} m²
となります。6.0 mm² = 6.0×10^{-6} m² としましょう。

$$R = \rho \frac{L}{S}$$

$\rho : 1.7\times 10^{-8}$　$L : 5.0\times 10^{2}$　$S : 6.0\times 10^{-6}$

抵抗値 R は **1.4 Ω**

(3) このような問題では，立体的な水路モデルを使ってイメージすることが大切です。

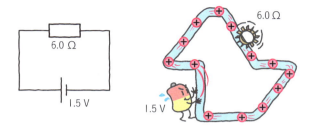

電池は 1.5 V の高さまでプラスの電荷を持ち上げています。水車の部分では，この 1.5 V の電圧（高さ）を下っていきます。このことから抵抗の部分を流れる電流は，「オームの法則(p.288)」から

抵抗に流れる電流 I は **0.25 A**

(4) まず電力を計算しましょう。「電力の公式(p.293)」より

$$P = I V$$
$$\quad\; 1.5\; 9.0$$

となり，計算をすると 13.5 W となります。

次に，ジュール熱（電力量）を求めます。電力とは 1 秒あたりに発生するエネルギーのことなので，1 分間，つまり 60 秒におけるジュール熱（電力量）は

抵抗で発生するジュール熱 Q は **81 J**

≫ 2. さまざまな回路
❶ 抵抗のつなぎかたと電気エネルギーの関係

図9-15は，それぞれ異なる方法で，電池と豆電球を導線でつないだものです。①はふつうにつないだだけです。豆電球は明るく光りますね。

②は2つの豆電球を**直列**につないだときのようすです。豆電球はたしかに光りますが，①の場合に比べて1つひとつの明るさは暗くなります。

③のように2つの豆電球を**並列**につなぐと，どちらの豆電球の明るさも，②のように暗くならず，①のときと同じくらい明るくなります。

②も③も，2つの豆電球と1つの乾電池を使っているのに，なぜ明るさが異なるのでしょうか。

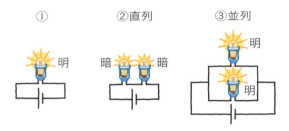

この秘密は豆電球で消費される電気エネルギー，つまり電力量 *IVt* の違いにあります。回路を水路モデルで立体的に見てみましょう。電池をポンプ，回路を水路，豆電球を水車として，イメージしてくださいね。

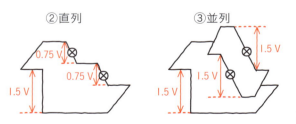

図9-16

②**直列に接続した場合は，1.5Vの電圧の高さを下るのに，2つの豆電球で段階的に下っています。**1.5Vの電圧は2個の豆電球でシェアされて，0.75Vずつとなります。1つの豆電球にかかる電圧は小さくなるのです。豆電球で使われる電力量 *IVt* の *V* や *I* が小さくなるので，豆電球はそれぞれ暗くなってしまいます。

ところが、③並列に接続した場合には、それぞれの豆電球に電池の電圧 1.5 V が直接加わります。よって、それぞれの豆電球で消費される電力量 IVt は、①の場合と変わらないので、それぞれの豆電球の明るさは変化しません。

ということは、並列につないだほうがお得に電池を使えるってこと？

そうではありません！ 2つの道が1本になったところの導線には、その分電流が多く流れ込み、電池（ポンプ）はより多くのプラスの電荷（水）を高いところまで運ぶ必要があります。そのため、多くの仕事をしなければならないので、**電池の寿命が短くなってしまうのです**。

❷ 合成抵抗

2つの抵抗を1つの抵抗とみなしたものを**合成抵抗**といいます。ここでは、その合成抵抗の値を求められる公式を紹介します。この公式は、知らなくても図をかければ問題は解けるのですが、回路の問題を速く解くために役に立ちます。

> | 直列接続の合成抵抗の公式 |
>
> $$R = R_1 + R_2$$
>
> | 並列接続の合成抵抗の公式 |
>
> $$\frac{1}{R} = \frac{1}{R_1} + \frac{1}{R_2}$$

Point!

この公式って、どうやって導出されたんですか？

では，少し長くなりますが，この2つの公式を導出してみます。しっかりとついてきてくださいね。

まずは，直列接続の合成抵抗を導出してみましょう。抵抗値R_1とR_2の2つの抵抗を，電圧Vの電池と直列に接続したとします。

直列なので，それぞれの抵抗には同じ電流が流れますから，電流はIとおきます。電圧（高さ）は2つの抵抗で段階的に下っていくので，R_1にかかる電圧をV_1，R_2にかかる電圧をV_2とおきます。図を水路モデルで立体的にかくと，次の右の図のようになります。

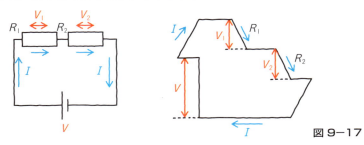

図9-17

ここで，それぞれの抵抗について「オームの法則（p.288）」を適用します。

$$V_1 = IR_1 \quad \cdots\cdots ①$$
$$V_2 = IR_2 \quad \cdots\cdots ②$$

また電圧（高さ）Vは，2つの抵抗でシェアされて，V_1とV_2となっているので

$$V = V_1 + V_2 \quad \cdots\cdots ③$$

③の式に①と②を代入して

$$V = IR_1 + IR_2$$
$$V = I(R_1 + R_2) \quad \cdots\cdots ④$$

ここで，2つの抵抗を合わせて，抵抗値Rの1つの抵抗と考えます。このときの回路の「オームの法則」は，次のようになります。

$$V = IR \quad \cdots\cdots ⑤$$

R_1とR_2を合わせて1つとみなした

図9-18

④式と⑤式を見比べてみましょう。1本にまとめた合成抵抗 R にあたる部分は

$$R = R_1 + R_2$$

となりますね。抵抗値 R_1, R_2 の2つの抵抗を直列につなぐというのは，抵抗値 $R(=R_1+R_2)$ の1つの抵抗をつないだのと同じということです。これが直列接続の合成抵抗の公式の導出です。

次に，並列接続の合成抵抗の公式を導出してみましょう。

並列接続の場合は，電流がそれぞれの抵抗に枝分かれしますので，抵抗値 R_1 の抵抗に流れる電流を I_1，抵抗値 R_2 の抵抗に流れる電流を I_2 とします。電圧（高さ）は2つの抵抗でどちらも V だけ下ります。

よって，図を水路モデルで立体的にかくと，次の右図のようになります。

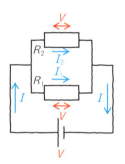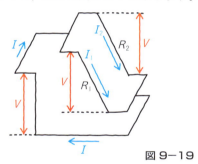

図9-19

それぞれの抵抗で「オームの法則(p.288)」を適用します。

$$V = I_1 R_1 \quad \cdots\cdots ⑥$$
$$V = I_2 R_2 \quad \cdots\cdots ⑦$$

回路全体を流れる電流を I とすると，I が2つの道に分かれて I_1, I_2 の電流になったので

$$I = I_1 + I_2 \quad \cdots\cdots ⑧$$

⑥式より $I_1 = \dfrac{V}{R_1}$，⑦式より $I_2 = \dfrac{V}{R_2}$ なので，これを⑧式に代入して

$$I = \left(\dfrac{1}{R_1} + \dfrac{1}{R_2} \right) V \quad \cdots\cdots ⑨$$

ここで 2 つの抵抗を 1 つの抵抗とみなし，合成抵抗を **R** とします。回路全体を流れる電流 I は，合成抵抗 **R** を使って考えるとオームの法則 $V=IR$ より

$$I = \frac{1}{R} \times V \quad \cdots\cdots ⑩$$

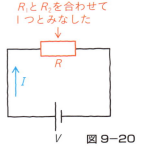

図 9–20

⑨式と⑩式を見比べると，次のように対応することがわかります。

$$\frac{1}{R} = \frac{1}{R_1} + \frac{1}{R_2}$$

これが並列における合成抵抗の公式の導出です。

いかがでしたか？ 公式の導出はめんどうに感じたかもしれませんが，回路の考えかたがわかる大事な話ですので，流れを理解しましょうね。

それでは，次の問題を見てみましょう。

例題

次の図のように，2 つの抵抗と電源を使って回路を組んだ。このとき，回路に流れる電流の大きさを求めなさい。また 4.0 Ω の抵抗にかかる電圧を求めなさい。

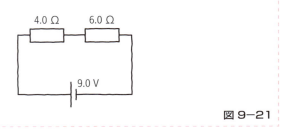

図 9–21

このような問題を解くときには，次の電気回路の 3 ステップ解法を使っていきましょう。

Theme 9 電気回路 303

ココに注目!

電気回路の3ステップ解法

ステップ1 抵抗に流れる電流, 電圧の大きさをそれぞれ文字でおく
ステップ2 それぞれの抵抗でオームの法則の式をつくる
ステップ3 電源の電圧や各抵抗にかかる電圧について, 水路モデルを意識しながら等式で結ぶ

ステップ1 抵抗に流れる電流, 電圧の大きさをそれぞれ文字でおく

2つの抵抗に流れる電流をそれぞれおきます。今回は電流が枝分かれしていないので, それぞれ同じ記号 I でおきました。電圧はそれぞれ V_1 と V_2 とおきました。

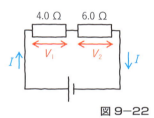

図9-22

ステップ2 それぞれの抵抗でオームの法則の式をつくる

それぞれの抵抗についてオームの法則をつくっていきます。

Aの抵抗: $V_1 = I \times 4.0 = 4.0I$ ……①
Bの抵抗: $V_2 = I \times 6.0 = 6.0I$ ……②

ステップ3 電源の電圧や各抵抗にかかる電圧について, 水路モデルを意識しながら等式で結ぶ

直列の水路モデル(p.300 図9-17)をイメージすると, 2つの抵抗で1つずつ水車があり, 電圧は消費されています。よって電池の電圧は V_1 と V_2 を足したときに等しいはずです。

$$9.0 = V_1 + V_2 \quad \cdots\cdots ③$$

3つの式ができました。③式に①式と②式を代入しましょう。

$$9.0 = 4.0I + 6.0I$$
$$I = \mathbf{0.90\ A} \quad \text{答}$$

次に，4.0 Ωの抵抗にかかる電圧についてです。これは V_1 のことですから，①式の I に 0.90 を代入しましょう。

$$V_1 = 4.0 \times 0.90 = 3.6 \text{ V}$$ 答

ここで別解を紹介します。2つの抵抗を合成して，回路全体に流れる電流を求めてみましょう。

直列接続の合成抵抗の公式 $R = R_1 + R_2$ から，4.0 Ωと 6.0 Ωの抵抗をまとめると，10 Ωとなります。回路全体に流れる電流を I としてオームの法則をつくると

$$9.0 = I \times 10$$

これを解くと，0.90 A となります。

直列接続の公式を使って解いたほうが簡単に解けましたね。しかし，個別の抵抗について考えるときには，結局それぞれの抵抗についてオームの法則をつくらなければいけません。**合成抵抗の公式だけでは，問題は解けないことが多い**ということを覚えておきましょう。

練習問題

次のように3つの抵抗を使って回路を組みました。回路全体に流れる電流と，20 Ωの上部の抵抗にかかる電圧を求めなさい。

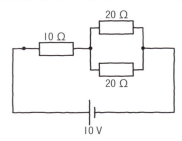

解答・解説

3つも抵抗が出てきました！　でもご安心ください。「電気回路の3ステップ解法（p.303）」を使えば簡単に解けます。

ステップ1 抵抗に流れる電流，電圧の大きさをそれぞれ文字でおく

次の図のように，10 Ωに流れる電流I_1は枝分かれをするので，I_2とI_3でおきました。またI_1，I_2，I_3の関係式もつくっていきましょう。

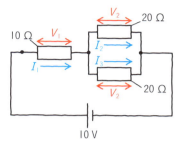

$$I_1 = I_2 + I_3 \quad \cdots\cdots ①$$

また20 Ωの抵抗どうしは並列に接続されており，抵抗にかかる電圧は，水路モデルをイメージすると，図のように同じ高さになるので，同じV_2でおきました。

ステップ2 それぞれの抵抗でオームの法則の式を作る

オームの法則

V	=	I		R

10 Ωの抵抗について　　　　：$V_1 = I_1 \times 10$ ……②
20 Ωの上部の抵抗について：$V_2 = I_2 \times 20$ ……③
20 Ωの下部の抵抗について：$V_2 = I_3 \times 20$ ……④

ステップ3 電源の電圧と，各抵抗にかかる電圧について，水路モデルを意識しながら等式で結ぶ

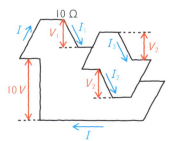

306　*Chapter_4*　電磁気学

　水路モデルでイメージをすると，電池が持ち上げた 10 V の高さ（電圧）を，まずは 10 Ω の抵抗にかかる電圧 V_1 だけ落ちて，次に 20 Ω の抵抗にかかる電圧 V_2 だけ落ちて，下まで届きます。高さを考えながら式をつくると

$$V_1 + V_2 = 10 \quad \cdots\cdots ⑤$$

　これで式がそろいました。①～⑤までの式をうまく連立させて，解いていきます。まずは③式と④式の左辺が同じなので，右辺を等式で結びましょう。

$$I_2 \times 20 = I_3 \times 20$$

　このことから $I_3 = I_2$ となることがわかりました。次に②式と③式を⑤式に代入します。

$$10I_1 + 20I_2 = 10$$

　この式の I_1 に①式を代入します。

$$10\underbrace{(I_2 + I_3)}_{I_1} + 20I_3 = 10$$

　ここで $I_3 = I_2$ なので

$$10(I_2 + I_2) + 20I_2 = 10$$
$$40I_2 = 10$$
$$I_2 = 0.25 \text{ A}$$

　また，I_2 と I_3 は同じなので，$I_3 = 0.25$ A
　そして，I_1 は I_2 と I_3 の和なので，$I_1 = 0.50$ A となります。
　最後に②～④式に，それぞれ電流を代入すれば，電圧 V_1，V_2 を求めることができます。

10 Ω の抵抗について　　　　：　V_1　=　0.50　×　10　=5.0 V
20 Ω の上部の抵抗について：　V_2　=　0.25　×　20　=5.0 V
20 Ω の下部の抵抗について：　V_2　=　0.25　×　20　=5.0 V

すべての電圧を求めることができました。

回路全体に流れる電流 I_1 は **0.50 A**
20 Ωの上部の抵抗にかかる電圧は **5.0 V**

別解：合成抵抗の公式を使う解きかた

合成抵抗の公式を使うと，全体に流れる電流をもう少し簡単に求めることができます。

20 Ωの抵抗が2つ，並列につながれているので，並列の合成の公式より

$$\frac{1}{R} = \frac{1}{20} + \frac{1}{20}$$

計算すると $R=10$ Ω となります。並列になっていた 20 Ω の 2 つの抵抗を 1 つにまとめてかき直したのが次の図です。

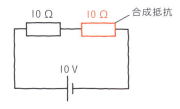

図 9−23

10 Ωの抵抗が2つ直列に接続しているので，これを合成すると，10＋10＝20 Ω になります。

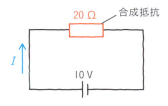

図 9−24

ここで全体に流れる電流を I とおくと，オームの法則から

$$10 = I \times 20$$
$$I = \mathbf{0.50\ A} \quad$$

Theme 10
電気と磁気

電磁石や電磁波という"電磁"がセットになった言葉があるけど，電気と磁石には何か関係があるの？

　はい，あります。この Chapter では，電流と**磁場**（**磁界**ともいいます）の関係について見ていきます。右手や左手を使って，導線がつくり出す磁場や，磁場から導線が受ける力などを考えていきましょう。ポイントは，**3次元の空間をイメージしながら考えていくこと**です。

≫ 1. 電気と磁気
❶ 磁場について

　磁石を使って砂場で砂鉄を集めたことはありませんか。磁石を砂につけると，S極やN極に砂鉄がビッシリとつきますね。この砂鉄がつく部分を**磁極**といいます。

　磁極には2つの種類があります。**磁石の中心に糸をつけてぶら下げると，必ずN極が北を，S極が南をさします。** 磁極の名前は，N極が北の英語 North の N，S極は南の英語 South に由来します。方位磁針は，この性質を利用しているんですね。

砂鉄

図 10-1

　磁石は，次の図のように，同じ極どうしを近づけると反発しますが，異なる極どうしは引き合います。

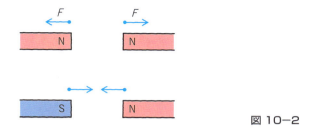

図 10-2

　磁石のまわりに，砂鉄をふりかけると**図 10-3** の左のように，奇妙な模様ができます。磁石が置かれたことによって，砂鉄に影響を及ぼす場がつくられたのです。このとき，「この場所には**磁場**（または**磁界**）がある」といいます。

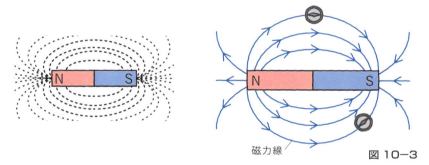

磁力線

図 10-3

　磁場には向きがあります。磁石のまわりに**図 10-3** の右のように方位磁針を置くと，方位磁針はある決まった方向をさします。方位磁針の N 極がさす向きを「磁場の向き」といいます。磁石のまわりには，N 極から出て S 極に戻るような向きに磁場ができているということです。磁場の向きをつなぎ合わせた線を**磁力線**といいます。

　さて，「同じ極どうしは反発して，異なる極は引き合う」というと，磁石の N 極と S 極は，電気の＋や－と似ていると感じますよね。磁石の力は電気の力と関係があるのかもしれません。下じきを使って静電気を起こして，磁石に近づけてみましょう。

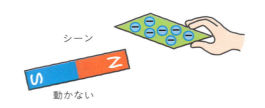

図10-4

　磁力と静電気は似ているように思いましたが，このようにおたがいに力を及ぼし合わない関係にあります。

❷ 電気と磁気の関係

　「磁石と静電気はおたがいに関係のない力」といいましたが，実は，「静」電気が関係ないだけで，**動く電気，つまり電流は磁石と関係があります。電流が流れると，そのまわりに磁場を発生する**のです。

　エルステッドという科学者は，電流を流した導線の近くに方位磁針を置いてみました。すると，方位磁針がある決まった方向をさしたのです。スイッチを切ると，方位磁針のN極は，もとにもどって北をさします。これは電流が磁場をつくることの証拠です。「静」電気ではなく「動」電気，つまり**電流が，磁気と電気を結びつけるカギ**だったのです。

　電流のまわりにできる磁場を調べたところ，**右手を「Good!」の形にして「親指」を電流の方向に向けたとき，磁場の向きは「人差し指から小指まで」が回転する方向である**ことがわかりました。これを「**右ねじの法則**」といいます（ネジを回して閉めるときに，ネジが動く方向と一致しているため）。別に逆向きに回転していてもよさそうなものですが，これは自然がきめたことなので，覚えるしかありません。回転方向は，大切なので，右手を使って覚えておいてくださいね。

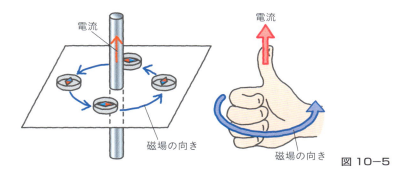

図10-5

次に、この導線がつくる磁場を集めて、強力な磁場をつくることを考えてみましょう。導線の形をクルッと曲げて、円形にしてみます。ここに電流を流すと、**円の中心に強い磁場が生まれます。**

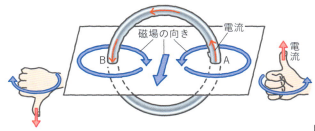

図10-6

なぜ中心に強い磁場ができるのかを、**図10-6**で説明します。導線のA地点の周辺にできる磁場の向きを、右手を使って考えると、コイルの中心では「奥から手前」に磁場がつくられます。導線のB点でも同様に考えると、同じく「奥から手前」に磁場がつくられます。

円形導線のほかの場所でも同様に、中心につくられる磁場は「奥から手前」に向くことがわかります。**よって、導線のあらゆる場所から発生した磁場が中心で集まり、強化されるのです。**

図10-6の例では、導線をまるめて1回円形にしただけですが、この円形を連ねれば、円の中心には、より強い磁場をつくることができそうです。それが**図10-7**の**コイル（ソレノイド）**です。

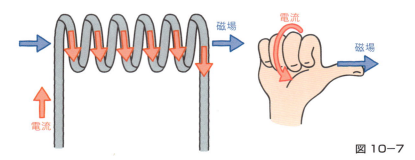

図 10-7

　コイルに電流を流すと，円形がたくさんあるため，コイルの中心には強い磁場が発生します。このときのコイルの中心磁場の向きは，右手を使うと簡単にわかります。**右ねじの法則と同じように，右手を「Good!」の形にして，右手の人差し指から小指をコイルに流れる電流の回転方向に合わせてにぎります。このとき親指の向いた方向が中心磁場の向きを示します。**右ねじの法則とは少し異なる使いかたなので，分けて覚えておきましょう。

　これはまるで，棒磁石と同じ状態になっています。

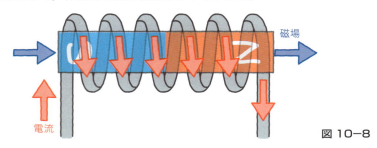

図 10-8

　小学校で教わった，電磁石を覚えていますか？　コイルの中心にクギを入れて，コイルに電流を流すと，クギが磁石に変わり，クリップなどを引きつける現象でした。この現象は，電流が流れるとコイルの中心に磁場が発生することによるんですよ。

図 10-9

練習問題

(1) 図の矢印の向きに電流を流しました。このとき，方位磁針 A，B の N 極は，どの方向をさし示しますか。北・南・東・西の中から選びなさい。

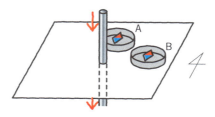

(2) 図のようにコイルを置いて，矢印の向きに電流を流しました。このとき，方位磁針の N 極は，どの方向をさしますか。北・南・東・西の中から選びなさい。

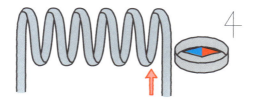

解答・解説

(1) 右ねじの法則から，右手を「Good!」の形にして親指を下に向けてみてください。このようにすると，磁場の回転方向が時計回りになることがわかります。このことから，A の位置にある方位磁針の N 極は東をさし，B の位置にある方位磁針の N 極は南をさします。

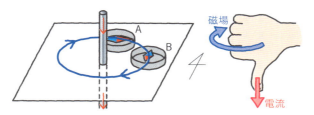

A：東　　B：南

(2) はじめに，図の中に電流の流れる方向をかき込みます。コイルの手前の導線に矢印をかいていくことがポイントです。

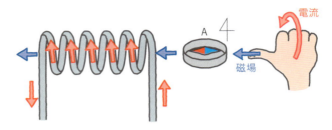

　右手を「Good!」の形にして，人差し指から小指にかけてこの電流の流れるほうにコイルをつかんでみてください。親指は左を向きますね。つまりコイルの右側から左側にかけて磁場が貫きます。よって方位磁針のN極は西を指します。　　　　　　　　　　　　　　　　　西　答

❸ フレミングの左手の法則

　図10-10のように，あらかじめ導線の近くに磁石をおいて，磁場がはじめからある空間をつくります。電流を流さなければ，導線は何も影響を受けませんね。静電気と磁場は影響を及ぼさないからです。しかし，この状態で導線に電流を流すとどうでしょうか。導線のまわりには磁場が発生します。**「導線がつくる磁場」** と **「はじめからあった磁場」** の間で**何か力を及ぼし合いそう**ですね。

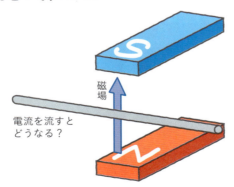

図10-10

実際に実験してみると，**導線に電流を流したとたんに，導線が力を受けて手前に動きます。**電流の流れを逆向きにすると，導線は奥側に動きます。

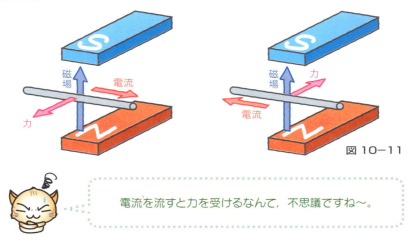

図10−11

電流を流すと力を受けるなんて，不思議ですね〜。

　このように**電流は自分がつくり出す磁場によって，ほかの磁場と相互作用を起こし，力を受けます。この力は磁場の方向と電流を流した方向が「直交するとき」に大きくなり，力の方向は「左手」を次の図のような形にしたときの，親指の向きになります。**この関係を**フレミングの左手の法則**といいます。

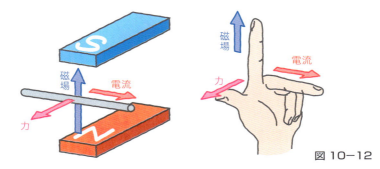

図10−12

　電流が磁場から受ける力の向きについては，**中指・人差し指・親指の順番で，「電・磁・力」**となります。この左手の使いかたは必ず覚えましょう。

今までとは違い，右手ではなく左手を使っていることに注意してください。右ねじの法則と同様，とても大切な指の使いかたです。

図 10−13

❹ モーターのしくみ

電流が磁場から受ける力を利用して，**電気エネルギーを運動エネルギーに変える装置**が**モーター**です。そのしくみを見ていきましょう。

図 10−14 のように磁場の中にコイルを置きます。そして，コイルの D → A → B → C の方向に電流を流してみます。辺 DA に注目すると，フレミングの左手の法則より，右側に力を受けます。辺 BC も同じように考えると，フレミングの左手の法則より，左側に力を受けます。この結果，コイルは反時計回りに回転します。

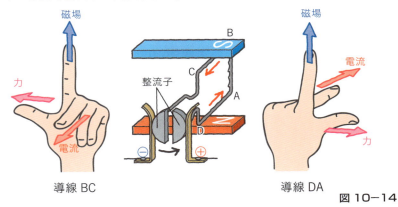

図 10−14

モーターには**整流子**という装置がつけられています。コイルが回転すると，整流子が電極にくっついたり離れたりして，コイルに流れる電流の向きが変わるのです。**図 10−15** は，**図 10−14** の状態から 90° 反時計回りに回転したものです。下側の整流子が＋極にくっついた瞬間に，電流の向きが C → B → A → D に変わります。

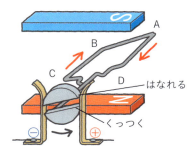

図 10−15

　図 10−16 は，図 10−15 をさらに 90°回転させたものです。辺 CB はフレミングの左手の法則により右向きの力を，辺 AD は左向きの力を受け，そのことによりさらに反時計回りにモーターは回転をします。

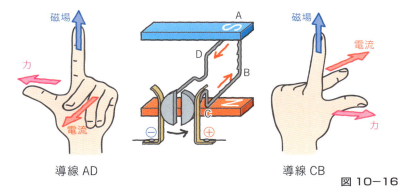

導線 AD　　　　　　　　　　　　　　導線 CB

図 10−16

　そして図には示しませんが，さらに 90°回転すると，整流子により電流の向きがまた D→A→B→C になります。さらに 90°回転すると，図 10−14 の状態へと戻ります。このようなことが起こって，電流を流すと，モーターは回転するのです。

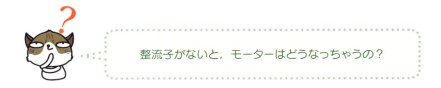

　整流子を使わず，電源にコイルを直接つないでしまうと，電流の向きが変化しないため，モーターはブランコのように反時計回りと時計回りを半周ずつくり返すだけで回転しません。整流子は大切な装置なのです。

それでは練習問題に取り組んでみましょう。

練習問題

図のようにアルミのパイプでつくったレールの間に，N極を上向きにした磁石をはりつけて，金属の棒をわたしました。図のように回路につなぎ，アルミパイプに電流を流すと，金属棒は右と左のどちらに動きますか。

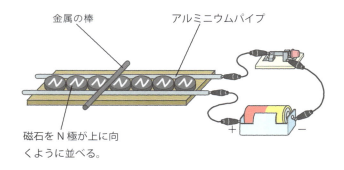

解答・解説

電池の向きを見ると，電流は金属棒の手前から奥に向かって流れることがわかります。このことからフレミングの左手の法則より，金属棒には，下図のように力がはたらきます。

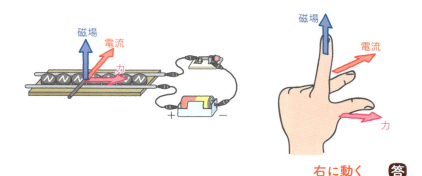

右に動く 答

この装置はリニアモーターカーの動くしくみと同じなんですよ。

≫ 2. 電磁誘導と発電

❶ コイルと磁場の変化

導線に電流を流すと、そのまわりには磁場がつくられます。つまり、電流は磁場を生み出します。

電流 → 磁場をつくる!

では逆に、「磁場が電流を生み出す」ことも予想されますよね。

磁場 → 電流をつくる?

そんなことが起こるのでしょうか。実は起こるんです。**図 10-17** のように、コイルと磁石、そして検流計を用意します。

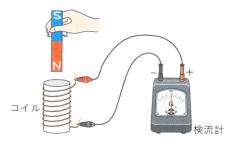

図 10-17

コイルの近くに磁石をセットしても、検流計は反応しません。実は、このように磁石をかまえただけではだめで、**磁石を上下に動かすと、検流計の針が反応します**。検流計の針が振れたということは、導線に電流が流れたことを示します。つまり、コイルを貫く磁場が変化することが、電流の流れる条件なのです。

「変化する」磁場 → 電流が流れる!

この現象を電磁誘導といいます。**これが発電機のしくみ**です。電磁誘導は見かたを変えると、磁石を動かす運動エネルギーが電気エネルギーになった、といえます。

電磁誘導によって流れる電流を誘導電流といい、その方向にはある規則性があります。たとえば、次の**図 10-18** のように **N 極を下にしてコイルに近づけると、コイルには反時計回りに電流が流れます**。

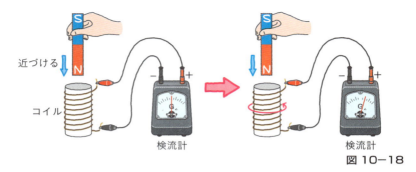

図10-18

逆に，**N極を遠ざけると，電流は時計回りに流れます**。この関係はどのように理解すればいいのでしょうか。

実は，**コイルには「磁場の変化を嫌う性質」**があるらしいのです。

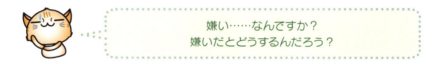

嫌い……なんですか？
嫌いだとどうするんだろう？

コイルの中の磁場が強くなったり，弱くなったりすると，**コイルは磁場の大きさをもとに戻そうとします。**

図10-19のように，N極をコイルに近づけると，コイルを貫く下向きの磁場が強くなります（①）。

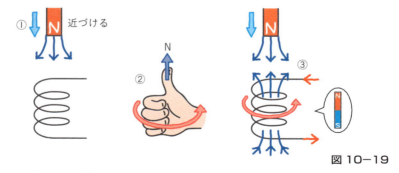

図10-19

このように，下向きの磁場が増えると，コイルは変化を嫌って，上向きの磁場をつくろうとします。コイルの右手の法則(p.312)より，上向きの磁場をつくるために（②），反時計回りに電流を流します（③）。

> なるほど！ 変化が嫌いだから，
> 変化を邪魔しようとするんだな！

　また別の見かたをすれば，外部から磁石が近づこうとしているのに対して，自身が電磁石となって反発しているとも見られます。N極が近づいたので，コイルの上部がN極になるように，誘導電流が流れたのです。

　次に，磁石をコイルの中で止めてみましょう。検流計の針はゼロになり，電流は流れなくなります。これは**コイルを貫く磁場の「変化」が止まったから**です。磁場が変化しなければ，コイルの中に磁石があったとしても，コイルは気にしないのです。

　今度はN極を遠ざけてみましょう。N極を遠ざけると，コイルの中を貫く下向きの磁場が減っていくことになります（①）。

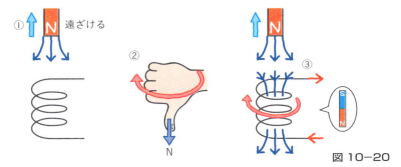

図10-20

　コイルは磁場の変化を嫌う性質があるので，今度は下向きの磁場が減ることも嫌います。磁石が遠ざかると，**コイルには時計回りに電流が流れ，減ってしまった下向きの磁場を自ら補おうとする**のです（②，③）。
　このように，**誘導電流は外部からの磁場の変化を打ち消すような向きに生じる**のです。

別の見かたをすると，コイルの上部がS極になるように誘導電流が流れるということであり，N極の磁石が離れるのを，引きつけて，とどまらせようとしていると見ることもできます。

❷ 恋の電磁誘導

電磁誘導と流れる誘導電流の向きについて，「女心」にたとえて考えてみましょう。図10-21のように男の子(磁石)が，好きな女の子(コイル)を見つけました。男の子が近づいてきます。**男の子が近づいてくると，女の子は「こっちに来ないで!」と押し返します。**

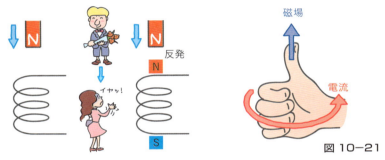

図10-21

その方法は，コイルの上部を近づいてきた磁石と同じ磁極にすることです。N極が近づいてきた場合は，コイルの上部をN極にするので，右手を「Good!」の形にして親指を上に向ければ，電流の流れる方向がわかりますね。

次に，あきらめた男の子が女の子から離れていきます(**図10-22**)。すると，**女の子は「待って!」と男の子を引き留めようとします。**

その方法は，コイルの上部を離れていく磁石と異なる磁極にすることです。N極が遠ざかる場合は，S極がコイルの上部，N極がコイルの下部になります。右手を「Good!」の形にして，親指を下に向けてみましょう。コイルに流れる電流の方向がわかります。

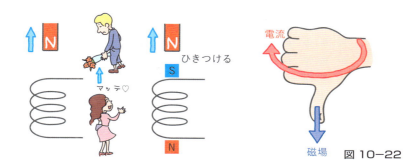

図 10-22

離れようとすると追いかけるなんて，女ゴコロは複雑なんだなぁ。

練習問題

次の図のように磁石を動かすと，電流はア，イのどちら側に流れますか。

(1) S極を近づける

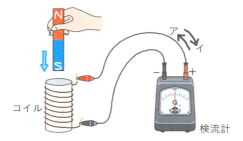

(2) N極を遠ざける

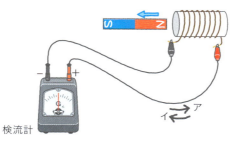

解答・解説

(1) 「恋の電磁誘導(p.322)」で考えましょう。男の子(磁石)が近づいてくると、女の子(コイル)は反発します。近づいてくる磁石はS極ですから、コイルの上部がS極(下部がN極)になれば、磁石を押し戻すことができますね。右手を「Good!」の形にして、親指をN極の方向、下に向けましょう。すると、人差し指～小指の巻きつく向きが、流れる電流の方向です。コイルの巻きつきかたを見ると、電流の流れる向きは、「イ」の方向になることがわかります。　　　　　　　　　　　**イ** 答

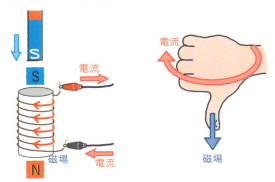

(2) 遠ざけるということは恋の電磁誘導で考えると、男の子が去っていくことになります。コイルは去っていくのが嫌なので、引きつけようとします。遠ざかる磁石はN極なので、コイルの左側がS極(右側がN極)になれば、引きつけられますね。右手を「Good!」の形にして、親指をN極の方向、右側に向けましょう。人差し指～小指の巻きつく向きが、流れる電流の方向です。コイルの巻きつきかたを見ると、流れる電流は「ア」の方向になります。　　　　　　　　　　　**ア** 答

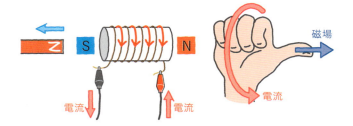

❸ 発電と交流

電流には**直流**と**交流**の2種類があります。直流とは，電池のように＋極から－極に向かって，一方向に流れる電流のことです。それに対して交流は，**電流の向きが時間とともに周期的に変化する電流**のことです。

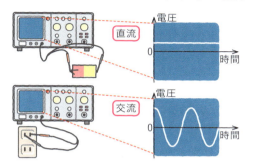

私たちの**家庭で使用しているコンセントには，交流が流れています**。交流はモーターとそっくりの装置を使って発電されています。発電方法について見てみましょう。

図10−24のように，磁石をおいて，空間に**あらかじめ磁場を発生**させます。ここにコイルをおいて，**外部から力を加えて，①→②→③→④→⑤のように，コイルを無理矢理回転させます**。

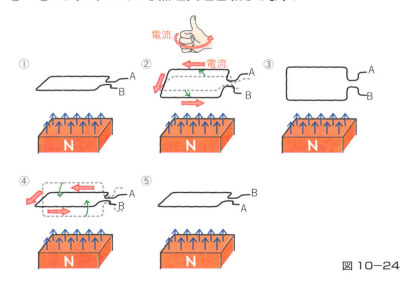

図10−24

コイルを回転させると、コイルを貫く磁場はもちろん変化します。**図10-24**の①では、コイルを貫く磁場の大きさは上向きで最大になっています。

①から②にかけて、コイルが傾いていくことにより、コイルを貫く上向きの磁場が減っていきます。**このとき、コイルは上向きの磁場を自分で補おうとします。**右手を「Good!」の形にして、親指を上に向けて磁場を補ってください。「人差し指から小指」はどちらの方向に巻いていますか？反時計回りですね。この方向、**つまりAからBへと電流は流れます。**

③になると、コイルは磁場に対して縦になり、コイルを貫く磁場は0(ゼロ)になります。そして、さらにコイルを回転させると、しだいにコイルを貫く上向きの磁場が増え始めます(④)。コイルは**この上向きの磁場を減らすように、今度は下向きの磁場をつくります。**コイル自身も回転しているので、**流れる電流の向きは、AからBで変わりません。**(右手を使って考えてみてくださいね)。

そして⑤になると、①の状態とA,Bが逆転します。このまま回っていくと、同じことが起こり、**今度はBからAへ電流が流れ始めます。**

まとめると、コイルを無理矢理回転させることで、**図10-25**のように、コイルには時間とともに電流の流れる向きが変わる交流電流が流れます。①〜⑤は、**図10-24**の①〜⑤の状態に対応しています。

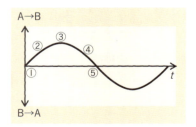

図10-25

これが交流発電のしくみです。発電所では火力にせよ、水力にせよ、原子力にせよ、**大きなコイルを磁場のある空間の中で回転させることによって、交流電流をつくり出しています。**

❹ 交流発電と変圧器

　交流はこのように発電しやすいことが1つの利点ですが、**交流を使う最も大きな利点は、電圧を簡単に上げたり、下げたりすることができる**ことにあります。

電圧って、簡単に上げたり下げたりできるもんなのかなぁ？

　それができるんです！　次の図のように、巻数の異なる2つのコイルを鉄芯に巻き付けます。コイル1に交流電源を、コイル2には豆電球をつけると、**なんと豆電球が光り始めます**。豆電球には直接電源から電流を流していないのに、なぜ光るのでしょうか。

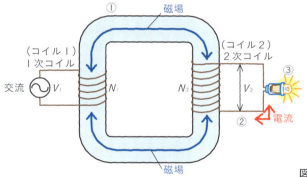

図10-26

　コイル1に交流電流を流すと、コイル1は電磁石になり、ロの字型の鉄芯の中に上下に変化する磁場が生まれます（①）。この変化する磁場は、コイル2に伝わります。**コイル2を貫く磁場が変化するので、電磁誘導が起こり、コイル2に誘導電流が流れます**（②）。よって、豆電球は光るというわけです（③）。

　もし、コイル1の電流が直流であれば、電流が一方向で変化しないため、ロの字型の鉄芯の中に変化する磁場は生じません。そうすると、コイル2に電磁誘導が起こらないので、誘導電流が流れず、豆電球は光りません。

コイル1に加える電圧 V_1 と，コイル2で発生する電圧 V_2 は，2つのコイルの巻数（N_1, N_2）に関係します。2つのコイルの巻き数と電圧の間には，次のような関係式が成り立つことがわかっています。

> **変圧の公式** **Point!**
>
> $$V_1 : V_2 = N_1 : N_2$$

つまり，電圧 V_1 の交流電源があるときに，2つのコイルの巻き数に差をつけることによって，出力させる電圧 V_2 を自由に操作することができるのです。これが**変圧器**のしくみです。

最も身近な変圧器は，私たちの頭上，電柱の上にあります。家の近くの電柱にバケツのようなものが設置されていませんか？ この中に変圧器が入っているのです。

発電所から送られる電気は，ジュール熱の発生を防ぐため高電圧で送られ，都

図10-27

市部に近づくと電圧が少しずつ変圧器によって下げられていきます。家庭に届く際の電圧は，電柱の変圧器で100Vに調整されます。

❺ ダイオードと整流

家庭には，直流電流で作動する電気機器も多くあります。家庭に届く電流は交流ですから，直流に直さなければいけません。そこで，電気機器の内部に組み込まれているのが，電流を一定の向きにしか流すことができない**ダイオード**とよばれる素子です。ダイオードを組み合わせることによって，交流電流を直流電流に直すことができます。これを**整流**といいます。

❻ 電磁波と交流の関係

電磁波も"電磁"ってあるけど，電気と磁気が関係してるの？

そうですね。電荷を振動させると，電気と磁気の波が発生し，空間を伝わっていきます。この波を**電磁波**といいます。電磁波は携帯電話やテレビ，ラジオなどの音声や映像を伝えるために利用されています。

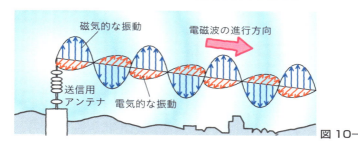

図10-28

電磁波はその波長ごとでよばれる名前が違います。私たちが認識することができる**光（可視光線）**や，目に見えない**赤外線，紫外線**も電磁波の一種です。

表10-1 電磁波とその波長

波長 （単位：m）	名前	備考
10^{-9} 以下	X線，γ線	X線はレントゲンに利用される 生物にとても有害
$10^{-9} \sim 3.8 \times 10^{-7}$	紫外線	生物に有害
$3.8 \times 10^{-7} \sim 7.7 \times 10^{-7}$	可視光線	目が感じ取ることができる
$7.7 \times 10^{-7} \sim 10^{-4}$	赤外線	テレビのリモコンなどに利用
10^{-3} 以上	電波	通信や放送に利用

　電磁波の速さは，どの種類の電磁波も 3.0×10^8 m/s（これは光の速さです）であるため，「波の公式 $v = f\lambda$ （p.218）」から**周波数** f（振動数）が大きいほど，**波長** λ は短くなります。また，周波数が大きいほど，電磁波のもつエネルギーは大きくなり，生物にとって有害になります。

練習問題

1次コイルの巻数が400回，2次コイルの巻数が600回の変圧器がある。1次コイルに100 Vの交流電源を接続した。2次コイルの電圧はいくらになるか。

解答・解説

(1) 「変圧の公式（p.328）」を利用しましょう。

$$V_1 : V_2 = N_1 : N_2$$
$$100 : V_2 = 400 : 600$$

これを V_2 について解きます。内側のかけ算と外側のかけ算をすると

$$400 \times V_2 = 100 \times 600$$
$$V_2 = 150 \text{ V} \quad$$

Chapter 4 共通テスト対策問題

1

　ケーキ生地に電流を流し，発生するジュール熱でケーキを焼く実験をすることになった。図1のように，容器の内側に，2枚の鉄板を向かい合わせに立てて電極とし，ケーキ焼き器を作った。鉄板に，電流計，電圧計，電源装置を接続した。ケーキ生地を容器の半分程度まで入れ，温度計を差し込んだ。ケーキ生地には，小麦粉に少量の食塩と炭酸水素ナトリウムを加え，水でといたものを使用した。電源装置のスイッチを入れてケーキ生地に交流電流を流し，電流，電圧，温度を測定した。

　図2に電流計の示した値を，図3に温度計の示した値を，いずれもスイッチを入れて測定を開始してからの経過時間を横軸にとって表した。なお，測定中，電圧計は常に100 Vを示していた。

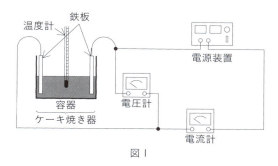

図1

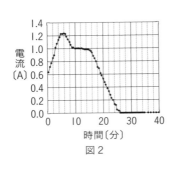
図2

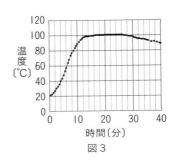
図3

問1 電流は時間の経過に伴い図2のように変化した。したがって，ケーキ生地を一つの抵抗器とみなすと，その抵抗値は時間の経過に伴い変化したと考えられる。測定開始後6分での抵抗値は何Ωか。最も適当なものを，次の①～⑤のうちから一つ選べ。

① 0.0125　② 1.25　③ 80　④ 100　⑤ 125

問2 測定開始後10分から15分までの間に，ケーキ生地で消費された電力量はおよそ何Jか。最も適当なものを，次の①～⑤のうちから一つ選べ。

① 5　② 100　③ 500　④ 30000　⑤ 50000

問3 測定開始後15分から25分までの間では，図2および図3から，ケーキ生地に流れる電流はしだいに減少し，ケーキ生地の温度は100℃を大きく超えずほぼ一定であったことがわかる。このとき，ケーキ生地は容器いっぱいにふくらみ，ケーキ生地から出る湯気の量は時間の経過に伴い減少していった。ケーキ生地の温度が100℃を大きく超えなかった理由として最も適当なものを，次の①～④のうちから一つ選べ。

① ケーキ生地にかかる電圧が変化せず，消費電力が一定であったため。
② ケーキ生地の中の水分が沸点に達し，発生するジュール熱が水の蒸発に使われたため。
③ ケーキ生地の中で単位時間あたりに発生するジュール熱が一定であったため。
④ ケーキ生地から単位時間あたりに放出される熱量が一定であったため。

(大学入学共通テスト試行調査)

解答・解説

まずは2つのグラフを見比べながら，何が起こっているのかを考えてみましょう。

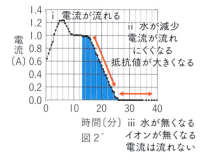
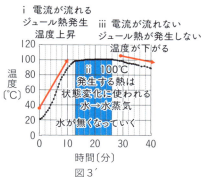

　ケーキ生地の中に含まれる水に溶けた食塩などはイオン(電気をもった粒子)となり，電圧をかけると電流が流れます (図2´-ⅰ)。電流が流れると，イオンが生地の粒子などに衝突し，ジュール熱が発生します。そのため生地の温度は上がっていきます (図3´-ⅰ)。このジュール熱により生地に含まれている，炭酸水素ナトリウムが分解します。

$$2NaHCO_3 \longrightarrow Na_2CO_3 + H_2O + CO_2$$
炭酸水素ナトリウム　炭酸ナトリウム　水　二酸化炭素

　その結果，二酸化炭素が出るため生地が膨らみます。なお，一般的に炭酸水素ナトリウムはケーキの生地の中のベーキングパウダー（ふくらし粉）に含まれています。ホットケーキ生地を温めたフライパンに流したあとにできるブツブツとした穴は，二酸化炭素がつくった穴です。

　電流が流れ続けて温度が100℃に達すると，生地に与えられるジュール熱は，水から水蒸気へと変わる状態変化に使われ，温度上昇は止まり，水の沸点100℃で一定になります（図3´-ⅱ）。

　これにともなって生地の水分が減り，イオンを含んだ水が減少していきます。そのため生地の抵抗値は大きくなり（図2´-ⅱ），やがてイオンを含む水がなくなり，電流が流れなくなります（図2´-ⅲ）。

　その結果，ジュール熱が発生しなくなり，生地の熱が外部に放出される一方となるため，温度が下がっていきます（図3´-ⅲ）。

　このように，この実験で起こっていたことを考えるためには，物理の分野だけでなく，化学の知識も必要になります。また，2つのグラフの情報を正確に読み取ることが求められています。それでは問題を見てみましょう。

問1

　図2″のように開始後6分の電流はおよそ1.25Aです。

　電圧は100Vで一定なので，「オームの法則（p.288）」から，

$$V = IR$$
$$100 = 1.25 \times R$$
$$R = 80 \ [\Omega]$$

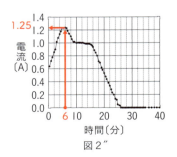

図2″

抵抗値は80Ω　　

　なお，グラフの読み取りとして，1.2Aとして計算しても83〔Ω〕になるので，③を選ぶことができます。

問2

図2‴のように開始後 10 分から 15 分までの 5 分間に流れている電流はおよそ 1.0 A です。

電圧は 100 V で一定なので,「ジュール熱の式(p.291)」から, 時間 t の単位には「秒」を使うことに注意して, 代入すると

$Q=IVt$
$=1.0\times 100\times (5\times 60)$
$=30000 \,〔J〕$

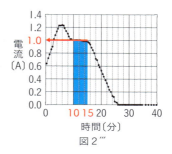

図2‴

ジュール熱は 30000 J

問3

図3´の水色で示した 13 分から 26 分の部分を見てみましょう。設問の 15 分〜25 分はこの範囲内にあります。答えは,

②　ケーキ生地の中の水分が沸点に達し, 発生するジュール熱が水の蒸発に使われたため。

です。

選択肢の中で①・③の消費電力やジュール熱は電圧 100 V で一定であっても, 電流がこの間, 変化しているので一定にはなりません。④は確かに外部に放出される熱量は一定であった可能性はありますが, データとして示されておらず, またなぜ <u>100℃</u> で温度が一定になるのかということについては答えていません。

Theme 11 エネルギーの利用

　さて，とうとう最後の Chapter です。今まで様々なエネルギーを学習してきました。Chapter 1 の力学分野では力学的エネルギー（運動エネルギー，位置エネルギー，弾性エネルギー），Chapter 2 の熱力学分野では熱エネルギー，Chapter 4 の電磁気学分野では電気エネルギーが登場しました。そのほかにも化学エネルギーや，光エネルギーなどのエネルギーがあります。

　摩擦のある面で物体を滑らせると，物体のもっていた運動エネルギーは，摩擦熱の熱エネルギーとなります。モーターは電気エネルギーを運動エネルギーに変えることができる装置です。このように**エネルギーがその種類を変えることを**エネルギーの変換**といいます。エネルギーが変換されても，その前後でエネルギーの総量は変化しません。**くり返しになりますが，これをエネルギー保存の法則といいます。

Chapter 4 では力学的エネルギーと電気エネルギーの変換を勉強しましたね！

　ええ，そのエネルギー変換を行っている代表的な施設が，発電所です。発電所では自然界の様々なエネルギーを利用して電気エネルギーに変換しています。火力発電で使われる石油，天然ガスなどの化石燃料，また原子力発電で使われるウランやプルトニウムなどのように，**数百年以内になくなってしまう可能性のある原料によるエネルギー**を枯渇性エネルギーといいます。

　また，太陽発電の太陽光のように，**今後なくなってしまう心配のないもの**を再生可能エネルギーといいます。再生可能エネルギーを利用した発電方法としては，水力発電，風力発電，太陽光発電，地熱発電などがあります。

この Chapter では，原子力発電所などで使われるエネルギーである，原子のもつエネルギーについて説明しますよ。

❶ 原子の構造とその表しかた

原子は，プラスの電気をもった**陽子**と電気をもっていない**中性子**が集まってできた**原子核**が中心にあり，その周囲をマイナスの電気をもった**電子**が回っています。原子核を構成する陽子と中性子を核子といいます。原子核の中にまとまっている陽子どうしは，プラスの電気をもつため，静電気力がはたらき反発し合っています。それでも原子核が形成される理由は，**核子どうしが，核力という静電気力よりも強い力で結びついている**ためです。

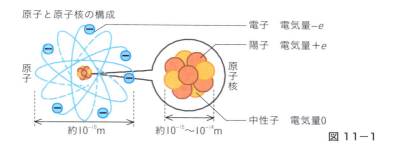

図 11-1

原子の種類は，**原子核に含まれる陽子の数**できまっており，この数のことを**原子番号**といいます。また，**陽子の数と中性子の数を合わせた**ものを**質量数**といいます。

たとえば，ヘリウム原子(陽子を 2 個，中性子を 2 個もつ)の原子番号や質量数を表すとき，ヘリウム原子を示す「He」をまずかきます。そして原子番号「2」は He の左下，質量数「4」は左上にかきます。

$$^{4}_{2}\text{He}$$

原子番号は化学的な性質，質量数は物理的な性質と関係があります。

❷ 放射線の発生

ウラン $^{238}_{92}U$ は原子番号が 92 番，つまり原子核の中に，陽子をなんと 92 個ももっています！　そしてさらに，中性子は 146 個ももっていて，陽子と中性子を足し合わせた質量数は 238（92＋146）になります。このウラン 238 のように，**質量数がとても大きな原子核は，内部での陽子どうしの静電気力が強くなり反発し合うため，非常に不安定です。**

このような物質は，**長い時間をかけて放射線を出しながら，少しずつ別の原子核に変わっていきます。**この現象を**放射性崩壊**といい，自然に放射線を出す性質を**放射能**といいます。また放射性崩壊を起こす原子を**放射性原子**といいます。

放射線……怖い気がします。
放射線について教えてください。

放射線は物質を通過して，物質中の電子をはじき飛ばす作用をもっています。これを**電離作用**といいます。

原子核が崩壊するときに放出される放射線は，磁場に通したときの曲がりかたの違いから，**α 線，β 線，γ 線**の 3 つに分類することができます。

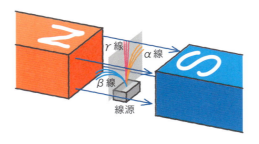

図 11−2

α 線の正体は，^4_2He のヘリウムの原子核です。ヘリウムの原子核は安定していて，^4_2He のセットで原子から飛び出します。電子をもっていないためプラスの電気をもっています。**β 線は高速の電子**です。原子核にある中性子は陽子に変化することがあり，その際に中性子から電子が飛び出します。**γ 線の正体は光と同じ電磁波**です。α 線や β 線などを放出した際には，余分なエネルギーとして電磁波である γ 線が放出されます。

3つの放射線は，どれも高いエネルギーをもっているため，人体には危険です。また，どの放射線も物質を通り抜けることができる性質があります。これを**透過性**といいます。なかでも**透過性が最も大きなγ線には注意が必要**です。また，電離作用はα線が最も大きくなります。

表 11-1　放射線の性質

	実体	電離作用	透過性
α線	ヘリウム原子核	大	小
β線	電子	中	中
γ線	電磁波	小	大

❸ 放射線に使われる単位

生物が放射線を多量にあびることを**被曝**といいます。被曝すると遺伝子などが大きく損傷し，放射線障害が発生します。

原子力関連のニュースなどで，よく「放射線が〜」とか聞くよね。

放射能の強さを示す単位に**ベクレル**があります。**原子核が毎秒1個の割合で崩壊して，放射線を放つ放射能の量を，1ベクレル（Bq）**と定めています。

また，放射線が物質に与えるエネルギーの量を吸収線量といいます。吸収線量の単位に**グレイ（Gy）**があります。**物質1kgあたり1Jのエネルギーが吸収されたときの吸収線量を1グレイ**といいます。

そして，放射線が生物に及ぼす影響をもとに定めた単位に**シーベルト（Sv）**があります。吸収線量が同じでも，人体への影響は放射線の種類や臓器によって異なるため，さまざまな臓器ごとに決めた係数を考慮して，**吸収線量に補正を加えた単位がシーベルト**です。

人が1年間に自然界から浴びる放射線の量は、だいたい 2.4 mSv といわれます。放射線はさまざまな医療分野で利用されており、X 線による胃や胸の診断には 0.05 ～ 0.6 mSv の放射線を使っています。**このくらいの放射線量でしたら、人体にはほとんど影響はありませんよ。**

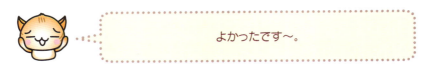
よかったです～。

　また、ガン治療では局部に放射線を照射することがあります。

❹ 原子力の利用

　さきほど説明したように、通常、ウランの質量数は 238 です（これをウラン 238 とよびます）。しかし、自然界には、質量数が 235 であるウランも存在します（これをウラン 235 とよびます）。**ウラン 235 は、ウラン 238 と比べて特に不安定で、放射性崩壊をしやすい元素**です。このような性質をもつウラン 235 を、ウランの**放射性同位体**といいます。

　ウラン 235 は、その放射性崩壊のしやすさから、**原子力発電**に利用されます。**ウラン 235 の原子核に中性子をあてると、ウランはパカっと割れて 2 つの原子核に分裂します。**これを**核分裂**といいます。核分裂では、核どうしをつなぎとめていた**核エネルギー**が解放されて、**多くの熱エネルギーに変換**されます。また、ウランの核分裂ではその際に 2 ～ 3 個の中性子が高速で飛び出します。この中性子が近くのウランにぶつかると、また核分裂がおきます。このように、**連続して核分裂が起こる現象**を**連鎖反応**といいます。

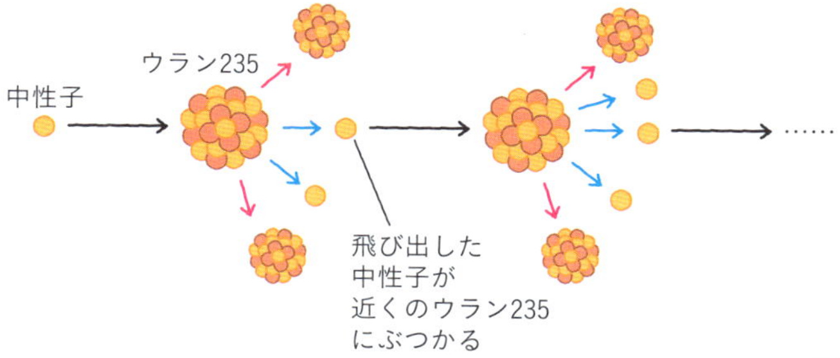

Theme 11 エネルギーの利用　341

図11-3

　つねに一定の割合で連鎖反応が続いている状態を**臨界**といいます。原子力発電では，連鎖反応をコントロールして**つねに臨界状態を保つ**ことにより，核エネルギーを熱エネルギーに変換して，発電をしています。原子力発電には放射性廃棄物の問題や，事故が起こった場合に迅大な影響を与えるなど，課題も多くあります。

練習問題

　$^{226}_{88}$Ra（ラジウム）がα線を放出してRn（ラドン）になった。このRnの質量数と原子番号はいくらか。

解答・解説

　α線の正体は$^{4}_{2}$Heなので，α線を放出すると質量数はマイナス4となり，原子番号はマイナス2となります。

Rnの質量数は 226－4＝**222**　答

原子番号は 88－2＝**86**　答

342　Chapter_5　エネルギーと原子

Chapter **5** 共通テスト対策問題

①

　エネルギーの形態の移り変わりに関する次の文章中の空欄 1 ・ 2 に入れる語として最も適当なものを，下の①〜⑥のうちから1つずつ選べ。

　ある火力発電所では，重油の燃焼によって水を沸騰させ，生じる水蒸気でタービンを回して，発電機を運転している。このとき，重油の 1 は燃焼によって熱に変換され，さらにタービンの 2 となり，発電機によって電気エネルギーに変換される。

① 核エネルギー　　　　② 電気エネルギー
③ 力学的エネルギー　　④ 熱
⑤ 光エネルギー　　　　⑥ 化学エネルギー

（センター試験）

解答・解説

①

1

　重油を燃やすことによって，熱エネルギーが発生しています。燃焼することで,化学反応が起こっていますから,重油などの燃料は化学エネルギーをもっています。　　　　　　　　　　　　　　　　　　　　⑥　**答**

2

　タービンは回っています。つまり，動いているのでこれは力学的エネルギー（運動エネルギー）となります。　　　　　　　　　　　　　　③　**答**

Index さくいん

あ
圧力	121
アルキメデスの原理	130
α 線	338
アンペア	286

い
位置エネルギー	138, 336
陰極線	283

う
うなり	251
ウラン	338, 340
運動エネルギー	137, 336
運動方程式	62

え
a-t グラフ	19
x-t グラフ	16
エネルギー	135
エネルギーの変換	336
エネルギー保存の法則	144, 336
鉛直投げ上げ	45
鉛直投げ下ろし	45

お
オーム	288
オームの法則	288
音の3要素	251
温度	187

か
開管	259
開口端補正	267
化学エネルギー	336
可逆変化	205
核エネルギー	340
核子	337
核分裂	340

核力	337
重ね合わせの原理	235
可視光線	329
加速度	19, 61
カロリー	199
慣性	69
慣性の法則	69
γ 線	338

き
気圧	123
気柱	259
基本振動	253
共振	259
共鳴	259
キロワット時	294

く
クーロン	277, 286
組立単位	28
グレイ	339

け
ケルビン	189
弦	253
原子核	274, 337
原子番号	337
原子力発電	340

こ
コイル	311
合成速度	53
合成抵抗	299
合成波	235
交流	325
枯渇性エネルギー	336
固定端反射	236, 238
固有振動	253
固有振動数	253

さ
再生可能エネルギー	336
最大静止摩擦力	114
最大摩擦力	114
作用・反作用の法則	106
三角比	90
3倍振動	253

し
シーベルト	339
磁界	308
紫外線	329
磁極	308
仕事	135
仕事の原理	172
仕事率	170, 294
自然長	78
質量	61
質量数	337
磁場	308
周期	215
自由端反射	236, 237
自由電子	278
周波数	216, 250, 329
自由落下	43
重力	70, 76
重力加速度	43, 76
ジュール	136, 189
ジュール熱	291
瞬間の速度	18
蒸発	190
蒸発熱	190
初速度	31
磁力線	309
振動数	216, 250, 329
振幅	215

す
水圧	125
垂直抗力	70, 78

せ

静止摩擦係数	114
静止摩擦力	113
静電気力	274
静電誘導	278
整流	328
整流子	316
赤外線	329
絶対温度	188, 189
セルシウス温度	188
潜熱	190

そ

疎	222
相対速度	54
速度	28
ソレノイド	311

た

ダイオード	328
大気圧	123
帯電	276
縦波	221
縦波の横波表記	226
谷	211
弾性エネルギー	140, 336
弾性力	78

ち

力	61, 62
力のつり合い	68, 184
力の分解	88
中性子	337
張力	75, 78
直流	325
直列	298

て

抵抗	287, 290
抵抗値	288
抵抗率	290
定在波	245

定常波	245
電圧	286
電荷	276
電気エネルギー	336
電気回路	286
電気素量	277
電気量	276
電気量保存の法則	281
電子	274, 284, 337
電磁石	312
電磁波	329
電磁誘導	319
電離作用	338
電流	283, 285
電力	293
電力量	292

と

透過性	339
等加速度運動	14, 16, 19, 29
等速度運動	16, 19
導体	277, 291
動摩擦係数	116
動摩擦力	116

な

内部エネルギー	201
波	208, 215, 218
波の重ね合わせの原理	235
波の独立性	235

に

2倍振動	253
入射波	236
ニュートン	62

ね

音色	251
熱運動	186
熱エネルギー	336
熱機関	202
熱効率	202

熱平衡	196
熱容量	193
熱力学第一法則	202
熱力学第二法則	205
熱量保存の法則	196

は

媒質	211
箔検電器	277
波源	211
パスカル	122
波長	215, 329
発電所	326, 336
ばね定数	79
ばねの力	78
速さ	16, 28
腹	247
反射	236
反射波	236
半導体	291

ひ

光エネルギー	336
比熱	193
被曝	339

ふ

v-t グラフ	18, 23
不可逆変化	205
節	247
物質の三態	186
沸点	190
沸騰	190
不導体	277, 291
ブラウン運動	186
浮力	121, 124, 129
フレミングの左手の法則	315

へ

閉管	259
平均の速度	18
並列	298

β線···································· 338
ベクトル···························· 28
ベクレル···························· 339
ヘルツ······························ 216
変圧································ 328
変圧器······························ 328

ほ

放射性原子·························· 338
放射性同位体························ 340
放射性崩壊·························· 338
放射線······························ 338
放射能······························ 338
ボルト······························ 286

ま

摩擦熱······························ 162
摩擦力························ 79, 112

み

右ねじの法則······················ 310
密································· 222
密度································ 125

も

モーター···························· 316

や

山································· 211

ゆ

融解································ 190
融解熱······························ 190
有効数字···························· 56
融点································ 190
誘導電流···························· 319

よ

陽子································ 337
横波································ 221

ら

落下運動···························· 42

り

力学的エネルギー········ 141, 336
力学的エネルギー保存の法則
································· 144
臨界································ 341

れ

連鎖反応···························· 340

わ

y-x グラフ······················ 213
y-t グラフ······················ 213
ワット······················ 170, 293
ワット時···························· 294

[著者]

桑子 研　Ken Kuwako

東京学芸大学卒業、筑波大学大学院修了。
日本一の規模の女子校・共立女子中学高等学校にて、物理の教師として2006年より勤務。「物理からぶつりへ」を合言葉に物理を生徒と一緒に楽しんでいる。
また、著者公式サイト「科学のネタ帳」では、高校物理の動画授業や勉強法などをまとめて公開している。
主な著書に『大人のための高校物理復習帳』(講談社)、『ぶつりの1・2・3』シリーズ (SBクリエイティブ) など。検定教科書 (東京書籍) や教員向けの授業法、教員採用試験の講師など、幅広く活動している。

科学のネタ帳　https://phys-edu.net/

きめる！　共通テスト物理基礎

staff

著　　者	桑子研
編 集 協 力	江川信恵，佐藤玲子，竹本和生，
	林千珠子，山崎瑠香，(株)U-Tee
カバーデザイン	野条友史（BALCOLONY.）
本文デザイン	石松あや（しまりすデザインセンター），石川愛子
巻頭デザイン	宮嶋章文
図 版 作 成	有限会社 熊アート
イ ラ ス ト	いとうみつる
データ制作	株式会社　四国写研
印 刷 所	株式会社 リーブルテック
編 集 担 当	樋口亨

読者アンケートご協力のお願い
※アンケートは予告なく終了する場合がございます。

この度は弊社商品をお買い上げいただき、誠にありがとうございます。本書に関するアンケートにご協力ください。右のQRコードから、アンケートフォームにアクセスすることができます。ご協力いただいた方のなかから抽選でギフト券（500円分）をプレゼントさせていただきます。

アンケート番号：　305136

BP

Gakken

きめる！KIMERU SERIES

［別冊］
物理基礎　Basic Physics

要点集

この別冊は取り外せます。矢印の方向にゆっくり引っぱってください。➡

Chapter 1 力学

>> 運動を表す物理量

[速度と加速度]

> **速度の式・加速度の式** Point!
>
> ・速度の式　　$v = \dfrac{x}{t}$　（速さ＝距離÷時間）
>
> ・加速度の式　$a = \dfrac{v}{t}$　（加速度＝速度÷時間）

[変数は箱のようなもの]

2 m の距離を 4 秒で動いたときの速度を求める場合

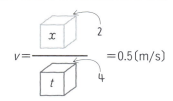

[速さと速度]

速さは大きさ，**速度**は大きさ＋向き

例　速さ：10 m/s　速度：東向きに 10 m/s

西　🚗 —10 m/s→　東

≫ x-t グラフと v-t グラフ

[x-t グラフの法則]

x-t グラフの**傾き**は，**速度**！

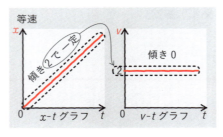

[v-t グラフの法則]

v-t グラフの**傾き**は，**加速度**！

v-t グラフの**面積**は，**移動距離**！

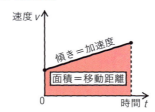

≫ 等加速度運動

[等加速度運動の公式]

> **等加速度運動の位置の公式・速度の公式**　**Point!**
>
> $$\begin{cases} x = \dfrac{1}{2}at^2 + v_0 t & \cdots\cdots ❶ \quad 位置の公式 \\ v = at + v_0 & \cdots\cdots ❷ \quad 速度の公式 \end{cases}$$

[v-t グラフと公式]

（速度の式）

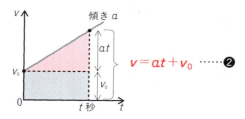

$v = at + v_0$ ……❷

（位置の式）

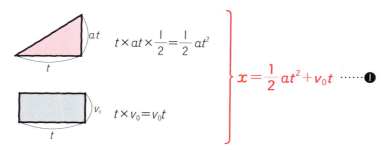

$x = \frac{1}{2}at^2 + v_0 t$ ……❶

[等加速度運動の問題の解きかた]

等加速度運動の3ステップ解法

ステップ1 絵をかいて，動く方向に軸をのばす。

ステップ2 軸の方向を見て，速度・加速度に＋または－をつける。

ステップ3 a, v_0 を「等加速度運動の公式」に入れて問題にあった式をつくる。

🔴例 ある車が原点を正の方向に 2.0 m/s で通過した。この瞬間，車は加速度 4.0 m/s² で加速をはじめた。

ステップ1　絵をかいて，動く方向に軸をのばす

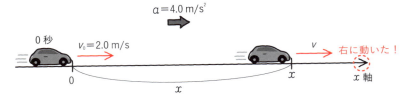

ステップ2　軸の方向を見て，速度・加速度に ＋ または － をつける

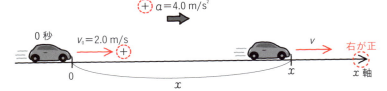

ステップ3　a, v_0 を「等加速度運動の公式」に入れて問題にあった式をつくる

$$x = \frac{1}{2}at^2 + v_0 t = 2t^2 + 2t \quad \cdots\cdots ❶'$$
　　　　　+4.0　+2.0

$$v = at + v_0 = 4t + 2 \quad \cdots\cdots ❷'$$
　　　4.0　2.0

[落下運動]

　自由落下　　　　鉛直投げ下ろし　　　　鉛直投げ上げ

$$\begin{cases} y = \dfrac{1}{2}gt^2 \\ v = gt \end{cases} \quad \begin{cases} y = \dfrac{1}{2}gt^2 + v_0 t \\ v = gt + v_0 \end{cases} \quad \begin{cases} y = -\dfrac{1}{2}gt^2 + v_0 t \\ v = -gt + v_0 \end{cases}$$

落下運動には上記のような公式があるが，これらの公式は覚えてはいけない！　これらの公式は「等加速度運動の3ステップ解法」を使って，問題ごとにつくっていく！

例 自由落下の場合

ステップ1　絵をかいて，動く方向に軸をのばす

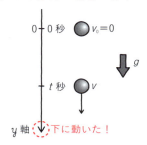

ステップ2　軸の方向を見て，速度・加速度に ＋ または － をつける
重力加速度 g も初速度も下向きなので＋になる。

ステップ3　a, v_0 を「等加速度運動の公式」に入れて問題にあった式をつくる

$$\begin{cases} y = \dfrac{1}{2}\underset{\underset{g}{\uparrow}}{a}t^2 + \underset{\underset{0}{\uparrow}}{v_0}t = \dfrac{1}{2}gt^2 \\ v = \underset{\underset{g}{\uparrow}}{a}t + \underset{\underset{0}{\uparrow}}{v_0} = gt \end{cases}$$

［鉛直投げ上げの注意点］

鉛直投げ上げについては注意が必要！

鉛直投げ上げの秘訣！

❶ 上向きに軸をとること！　加速度はずっと「$-g$」
❷ 最高点では速度が 0 になる
❸ 最高点で左右対称

❶ 上向きに軸をとること！　加速度はずっと「$-g$」

軸の向きと重力加速度の向きが違う！

❷ 最高点では速度が 0 になる

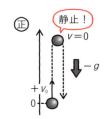

❸ 最高点で左右対称

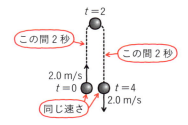

≫ 合成速度と相対速度

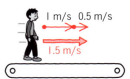

このように足し合わせた速度を**合成速度**という。

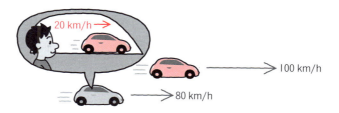

このように，100 km/h の車を 80 km/h の車に乗った人が観測すると 20 km/h に見える。動いている観測者にとっての，自分を基準にした速度を**相対速度**という。

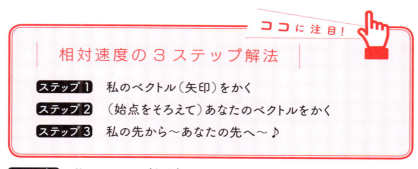

ステップ1 私のベクトル（矢印）をかく

ステップ2 （始点をそろえて）あなたのベクトルをかく

ステップ3 私の先から〜あなたの先へ〜♪

>> 運動方程式と力のつり合い

［運動方程式］

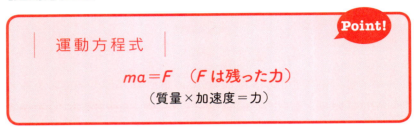

2つの力がはたらいた場合は，合成して1つにまとめる。

これを運動方程式に代入する。

$ma = 5$ ←残った力

［力のつり合い］

物体が静止しているとき，力は上下方向や左右方向でつり合っている。

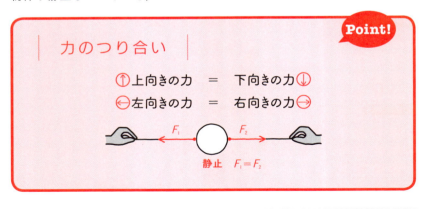

[力の見つけかた]

力の見つけかたの3ステップ

ステップ1 絵をかいて,注目する物体になりきる（ロックオン!）
ステップ2 重力をかく
ステップ3 触れてはたらく力をかく（気持ちが大切!）

例 次の物体にはたらく力を見つけなさい。

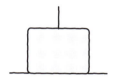

ステップ1 絵をかいて,注目する物体になりきる

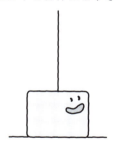

あなたはこの物体です。

ステップ2 重力をかく

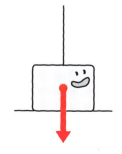

ステップ3 触れてはたらく力をかく

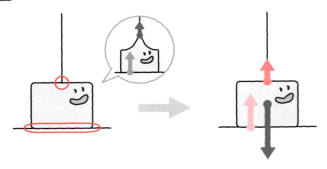

物体に触れているところを確認すると、床と糸ですね。

[いろいろな力]

○ 重力

> **重力の公式** Point!
>
> $$W = mg \quad [\text{N}]$$
> （重力〈重さ〉＝質量×重力加速度）

○ 触れてはたらく力

垂直抗力 N　　　　張力 T　　　　摩擦力 f

 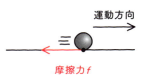

ばねの力（弾性力）

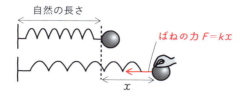

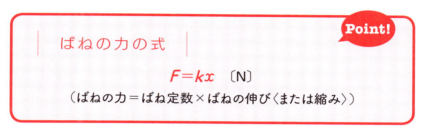

［力と運動の問題の解きかた］

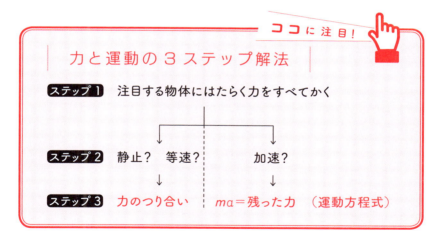

例 質量が 0.50 kg の物体に糸をつけて，鉛直上向きに 6.0 N の力で引っ張ると，この物体は加速し始めた。このときの加速度を求めよ。

ステップ1 注目する物体にはたらく力をすべてかく

力を見つける 3 ステップでかいていく。

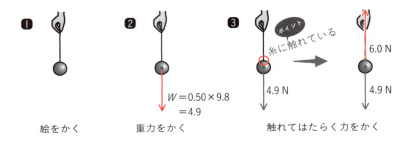

❶ 絵をかく　❷ 重力をかく　❸ 触れてはたらく力をかく

ステップ2 静止？ 等速？ なのか 加速？ なのか！

問題文を読むと，今回は「加速していること」がわかる。

ステップ3 加速しているので，「運動方程式 $ma=$残った力」を使う。

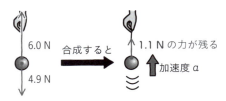

$ma=$ 残った力
↑　　　↑
0.50　　1.1

$0.50a = 1.1$

$a = 2.2 \text{ [m/s}^2\text{]}$

🔴**例** 重さ２Nの物体に糸をつけ，天井からつるした。このときの糸の張力を求めよ。

ステップ１ 注目する物体にはたらく力をすべてかく

今回は「重さが２N」とかかれているので，そのまま使う。

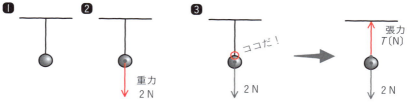

ステップ２ 静止？ 等速？ なのか 加速？ なのか！

問題文を読むと，物体は「静止」していることがわかる。

ステップ３ 静止しているので，「力のつり合い」を使う

上下の力が同じなので，張力も２Nとなる。

[力の分解]

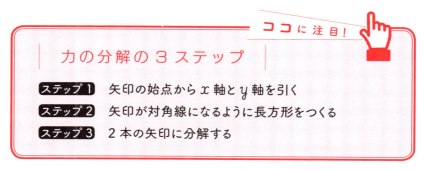

例 台車を水平面から30°上向きに5Nの力で引っ張ったときの水平成分の力を大きさを求めよ。

ステップ1 矢印の始点からx軸とy軸を引く

台車が右方向に加速をはじめたということは，**運動方程式でいえば，力が右に残っているはず**。そのため，右方向にx軸を，直交するようにy軸をのばす。

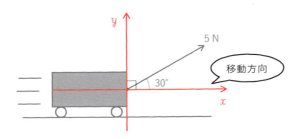

ステップ2 矢印が対角線になるように長方形をつくる

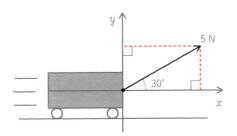

上の図のように長方形をつくること。

ステップ3 2本の矢印に分解する

交点に向かって「2つの新しい力」を作成する。

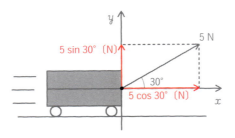

サインとコサインを間違えないように注意。

［斜面上の運動］

斜面上の物体の運動も「力と運動の3ステップ解法」で解く。軸の分解方向に注意！

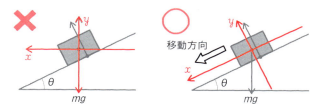

x 軸方向は運動方程式，y 軸方向は力のつり合い

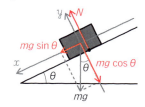

y 軸方向

  ①の力＝②の力
   ↑   ↑
   N $mg\cosθ$

  $N = mg\cosθ$

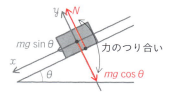

x 軸方向

  $ma=$ 残った力
     ↑
    $mg\sinθ$

  $a = g\sinθ$

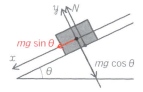

[2物体の運動]

2物体の運動も「力と運動の3ステップ解法」を使う。ただし2物体の場合には、1つずつの物体を見ながらつくっていく。

ステップ1　注目する物体にはたらく力をすべてかく

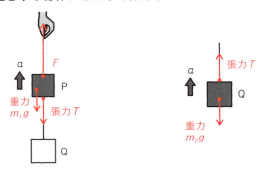

Pにはたらく力　　　　Qにはたらく力

ステップ2・3　静止？等速？→力のつり合い　加速？→$ma=$残った力

Pについて

$ma=$残った力
　↑　　　↑
　m_1　　$F-m_1g-T$

$m_1a=F-m_1g-T$

Qについて

$ma=$残った力
　↑　　　↑
　m_2　　$T-m_2g$

$m_2a=T-m_2g$

Chapter 1 力学

[糸の法則]

糸の法則
糸の両端の張力はつねに同じになる

理由）

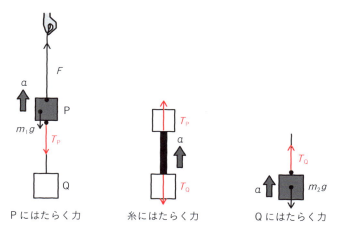

Pにはたらく力　　糸にはたらく力　　Qにはたらく力

糸にはたらく力について，運動方程式をつくってみると

$$ma = \boxed{残った力}$$
$$\uparrow$$
$$T_P - T_Q$$

糸は軽いため，$m=0$ を代入する。

$$ma = \boxed{残った力}$$
$$\uparrow \qquad \uparrow$$
$$0 \qquad T_P - T_Q$$

これを解くと $T_P = T_Q$ となる。

[摩擦力とグラフ]

　上の2つの公式も大事ですが,「**最大摩擦力に達していないときは,力のつり合いから静止摩擦力を求める**」ということも知っておかないといけない。グラフとイメージを頭に入れておくこと。

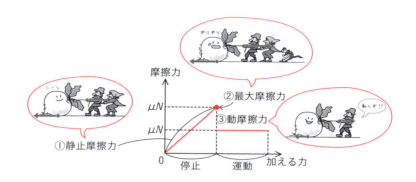

[力と圧力]

| 圧力の公式 |

$$P = \frac{F}{S} \quad \text{(Pa)} \text{ または } \text{(N/m}^2\text{)}$$

$$\left(圧力 = \frac{力}{面積}\right)$$

| 密度の式 |

$$\rho = \frac{m}{V} \quad \text{(kg/m}^3\text{)}$$

$$\left(密度 = \frac{質量}{体積}\right)$$

> **Point!**
>
> | 水圧の公式 |
>
> $$P_水 = \rho_水 hg \; [Pa] \; または \; [N/m^2]$$
> （水圧＝水の密度×深さ×重力加速度）

> **Point!**
>
> | 浮力の公式 |
>
> $$F = \rho_水 V_{物体} g$$
> （浮力＝水の密度×沈んだ部分の体積×重力加速度）
>
>
>
> 老ブイ爺
> ρ　V　g

>> 仕事と仕事の原理

[仕事の式]

> **Point!**
>
> | 仕事の式 |
>
> $$W = Fx \; [J]$$
> （仕事＝加えた力×移動距離）
>
>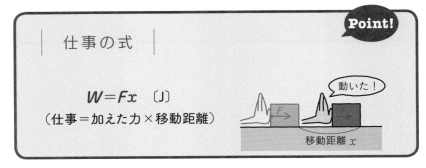

［仕事には向きがある］

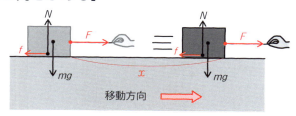

上図においてFの仕事は正，fの仕事は負，
Nやmgの仕事は0

［仕事率］

$$P = \frac{W}{t}$$

仕事率 ＝ 仕事 / かかった時間

［仕事の原理］
道具を使っても仕事の大きさは変化しない。

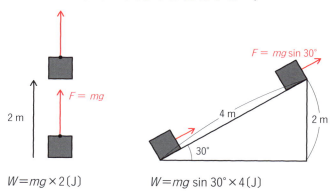

>> 力学的エネルギー

[力学的エネルギーの公式]

> **Point!**
>
> | 運動エネルギーの公式 |
>
> $$E = \frac{1}{2}mv^2 \text{ 〔J〕}$$
>
> (運動エネルギー＝$\frac{1}{2}$×質量×速度の2乗)
>
> | 位置エネルギーの公式 |
>
> $$E = mgh \text{ 〔J〕}$$
>
> (位置エネルギー＝質量×重力加速度×高さ)
>
> | 弾性エネルギーの公式 |
>
> $$E = \frac{1}{2}kx^2 \text{ 〔J〕}$$
>
> (弾性エネルギー＝$\frac{1}{2}$×ばね定数×ばねの伸びの2乗)

力学分野で出てくる**運動・位置・弾性エネルギーの和**を力学的エネルギーとよぶ。

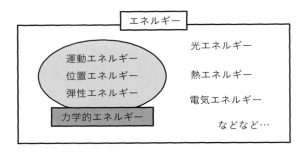

>> エネルギーの保存

[力学的エネルギーの保存]

外力がはたらかない場合，力学的エネルギーは保存する。

例 物体の投げ上げ運動，摩擦のない斜面に沿った運動，振り子運動など

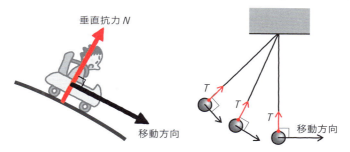

移動方向に対して垂直な力（上図の N や T）は仕事をしない。

[エネルギーの保存]

外力がはたらいた場合，その外力の仕事を含めるとエネルギーは保存する。

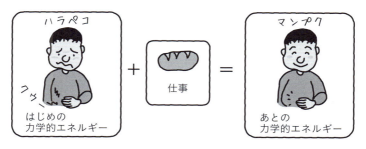

例 摩擦のある面上での運動（摩擦力が負の仕事をする）

> **エネルギー保存の3ステップ解法** ココに注目！
>
> **ステップ1** 絵をかき,「はじめの状態」と「あとの状態」を決める
> **ステップ2** 力学的エネルギーをそれぞれかき出す
> **ステップ3** 仕事を加えてエネルギー保存の式をつくる

Chapter 2 熱力学

>> 熱の基礎知識

[絶対温度とセルシウス温度]

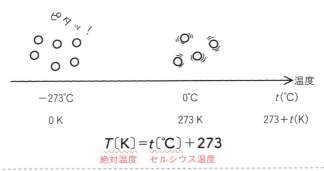

$$T(\text{K}) = t(\text{℃}) + 273$$
絶対温度　セルシウス温度

[熱量の式と比熱・熱容量]

　c は**物質の温まりにくさを示した量**で, **比熱**という。比熱が大きい物質ほど, 温度変化が小さい, つまり温まりにくいことを示している。**物質1gの温度を1K上昇させるのに必要な熱量Jが, その物体の比熱を意味する。**

Chapter 2　熱力学　25

熱量の式

Point!

$$Q = mc\Delta T$$

（与えた熱＝質量×比熱×温度変化）

また，この公式の mc をまとめて，大文字の C として表した，次の形でもよく使われる。

$$\underset{\text{与えた熱}}{Q} = \underset{\text{熱容量}}{C} \underset{\text{温度変化}}{\Delta T}$$

C を**熱容量**といい，**ある物質の温度を 1 K 上昇させるのに必要な熱量**のことを示す。

- -

[物質の三態と潜熱]

固体から液体になる現象を**融解**といい，このときの温度を**融点**という。水の場合，融点は **0℃**である。固体から液体に状態変化するときに必要な熱量を**融解熱**という。

液体から気体になる現象を**蒸発**といい，液体が蒸発するときの温度を**沸点**という。水の場合，沸点は **100℃**。液体から気体になるときに必要な熱量を**蒸発熱**という。

融解熱や蒸発熱など状態変化に使われた熱を**潜熱**という。

- -

≫ 熱量の保存

2 つの物体の間だけで熱が移動するとき，高温の物体 A があげた熱量と，低温の物体 B がもらった熱量は等しいことがわかっている。これを**熱量の保存**という。

> **熱量の保存の3ステップ解法**
>
> **ステップ1** 絵をかき,「あげた人」と「もらった人」を明確にする
> **ステップ2** あげた熱量ともらった熱量を,それぞれかき出す
> **ステップ3** あげた熱量=もらった熱量

例 右図のように,断熱容器に入れた温度 10.0℃の水 100g に 96.0℃の鉄球を沈め十分な時間が経過すると,水と鉄球はともに 12.0℃になった。鉄球の質量はいくらか。ただし,水の比熱を 4.2 J/(g・K),鉄の比熱を 0.45 J/(g・k) とする。

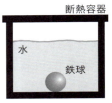

ステップ1 絵をかき,「あげた人」と「もらった人」を明確にする

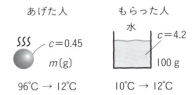

ステップ2 あげた熱量ともらった熱量を,それぞれかき出す

鉄球:あげた熱量 $Q = m \times 0.45 \times (96-12)$ ……①

水:もらった熱量 $Q = 100 \times 4.2 \times (12-10)$ ……②

ステップ3 あげた熱量=もらった熱量

あげた熱量ともらった熱量が同じになるのが熱量の保存である。①と②を等式で結ぶ。

|あげた熱量| = |もらった熱量|
$m \times 0.45 \times (96-12)$ = $100 \times 4.2 \times (12-10)$

これを m について解くと $m ≒ $ **22 g** となる。

≫ 熱力学第一法則

[内部エネルギー]
　一見止まっているように見える物体でも，その物体の内部では，物体をつくっている分子や原子などの粒子は細かく振動している（熱運動）。これらの**物体が内部に秘めているエネルギーの総和**を**内部エネルギー**という。

[熱力学第一法則]
　閉じ込めた気体に熱を加えると，気体の内部エネルギーや気体がする仕事にエネルギーは使われる。

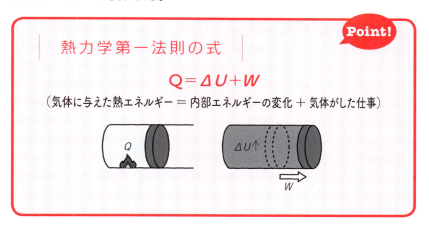

| 熱力学第一法則の式 |

$$Q = \Delta U + W$$

（気体に与えた熱エネルギー ＝ 内部エネルギーの変化 ＋ 気体がした仕事）

[熱効率]
熱効率：燃料から発生する熱エネルギーに対して，熱機関がどの程度，仕事をすることができたのか表すもの。

> **Point!**
>
> | 熱効率の式 |
>
> $$e = \frac{W}{Q}$$
>
> $$\left(熱効率 = \frac{熱機関がした仕事}{与えた熱量}\right)$$

Chapter 3 波動

≫ 波の基礎知識

[波の動きのイメージ]

波が移動するのは，媒質の位置（高さ）が変動するため。たとえば下図では，$t=0$ から $t=4$ までで，波が1つ原点を通過しているが，この間に原点の媒質（○）は上下に1回振動している。

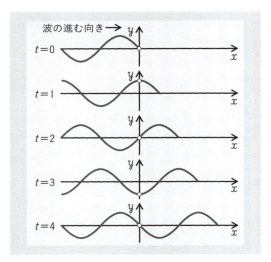

媒質が1回振動する ＝ 波が1つ通る

[原点の媒質の運動と y-t グラフ]

　媒質のある点の振動の時間変化を見えるようにしたのが，y-t グラフである。左ページのグラフの原点の動きを y-t グラフにすると，次のようになる。

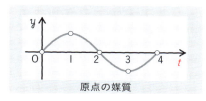
原点の媒質

Point!

| 振動数と周期の公式 |

$$f=\frac{1}{T} \text{（または } T=\frac{1}{f}\text{）}$$

| 波の公式 |

$$v=f\lambda$$
速さ＝振動数×波長

≫ 波を表す物理量

[記号とその意味のまとめ]

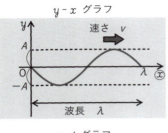

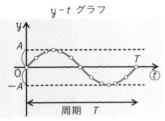

記号	意味	説明
λ (m)	波長	1つの波(山+谷)の長さ
A (m)	振幅	波の高さ
v (m/s)	波の速さ	波の速さ $v = f\lambda$ 公式
T (s)	周期	・1つの波がある点を通過するときの時間 ・媒質が1回振動する時間 $T = \dfrac{1}{f}$ 公式
f (Hz)	振動数	・媒質の1秒間の振動回数 ・1秒間にある点を通った波の個数 $f = \dfrac{1}{T}$ 公式

≫ 縦波と横波

[縦波とは]

　横波のように波の形が伝わっていくのではなく，媒質の密度が伝わっていく波を縦波という。

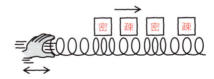

[横波と縦波の違い]

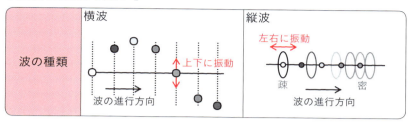

[横波表記の戻しかた]

> ココに注目！
>
> | 横波表記→縦波の戻しかたの3ステップ |
> | --- |
> | **ステップ1** ボールを置き，上下に矢印を伸ばす |
> | **ステップ2** 矢印が上に伸びたら波の進行方向に，矢印が下に伸びたら逆方向に，矢印を倒す |
> | **ステップ3** 矢印の頭にボールを移動させ「疎」「密」を記入 |

ステップ1 ボールを置き，上下に矢印を伸ばす

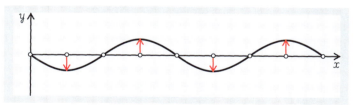

ステップ2 矢印が上に伸びたら波の進行方向に，矢印が下に伸びたら逆方向に，矢印を倒す

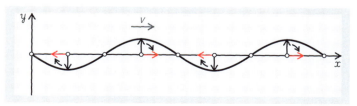

ステップ3 矢印の頭にボールを移動させ「疎」「密」を記入

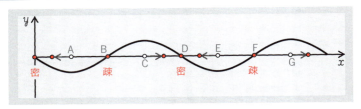

>> 波の性質

[波の重ねあわせの原理]

波はそれぞれ独立しており，2つの波がぶつかると，波の振幅の足し算が行われる。これを波の**重ね合わせの原理**という。

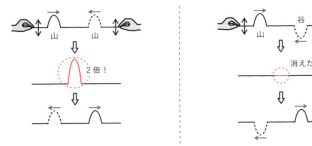

［波の反射］

・自由端反射

山は山，谷は谷で，同じ形でかえってくる。水面波など。

・固定端反射

山は谷，谷は山で，逆の形で返ってくる。固定したバネなど。

例 この波の固定端反射の様子を作図しなさい。

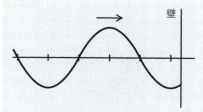

ココに注目！

反射波の3ステップ解法

- **ステップ1** 壁の中の世界に「山」の部分を写しとる
- **ステップ2** 固定端の場合は「山」をひっくり返して「谷」にする
- **ステップ3** 壁の中の山（谷）から波をなめらかに伸ばしていく

ステップ1 壁の中の世界に「山」の部分を写しとる

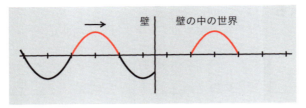

ステップ2 固定端なら「山」をひっくり返して「谷」にする

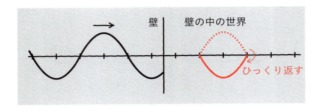

ステップ3 壁の中の山(谷)から波をなめらかに伸ばしていく

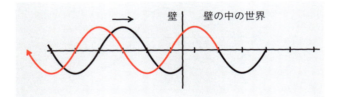

[定常波]

　反射によって，波の重ね合わせが連続で起こると，移動せずに振動だけが起こる波が発生する。これを **定常波** という。定常波には，上下に大きく振動する場所(**腹**)と，まったく振動しない場所(**節**)ができる。

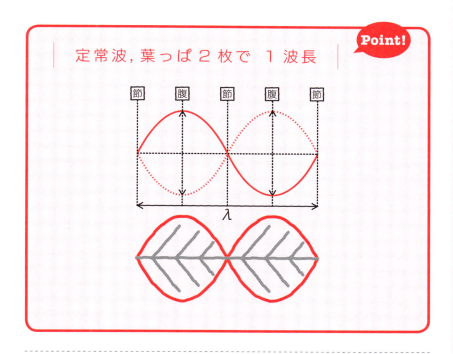

>> 音波

[音波の正体]

音は縦波であり，媒質である空気中の分子の疎密が，耳の鼓膜を振動させることで，音が聞こえる。

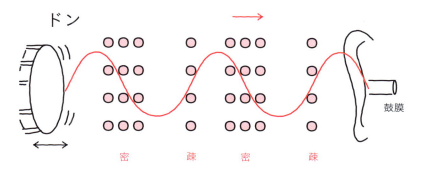

[音の速さ]

音の速さ V は，気温 t と比例関係で，$V=331.5+0.6t$ と表されるが，これは**覚えなくてよい！**

音の速さはおよそ 340 m/s ということを覚えること。

[音の3要素]

大きさ・高さ・音色の3つを**音の3要素**という。

音の大きさは**振幅 A**，音の高さは**振動数 f** と関係がある。

[うなり]

振動数が少し異なる2つの音を同時に聞くと，音が大きくなったり小さくなったりして「ウゥンウゥン」と聞こえる。この現象を**うなり**という。

> **うなりの式** Point!
>
> 1 秒間に聞こえるうなりの回数 = $|f_1 - f_2|$

[弦の振動，気柱の振動]

例 長さ L の弦をはじいたところ2倍振動で振動した。このときの弦に伝わる波の波長を求めなさい。

ココに注目！

> **定常波の3ステップ解法**
>
> **ステップ1** 絵をかく
> **ステップ2** 基本単位の葉っぱの長さを求める
> **ステップ3** 葉っぱ2枚の長さから，波長を求める

ステップ1　絵をかく
2倍振動は，葉っぱが2枚入っている。

ステップ2　基本単位の葉っぱの長さを求める
弦の場合は，1枚の葉っぱの長さが基本単位となる。この長さをまず求めると，弦の長さが L なので，1枚の葉っぱの長さは $\frac{1}{2}L$ である。
（気柱の場合は，0.5枚の葉っぱの長さが基本単位となる）

ステップ3　葉っぱ2枚の長さから，波長を求める
2倍して葉っぱ2枚にすると，L となる。これが，2倍振動における定常波の波長である。

$$\lambda = L \quad 答$$

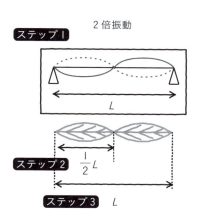

気柱の問題で開口端補正を考える場合には，気柱の長さ L に Δx を足し合わせることを注意。

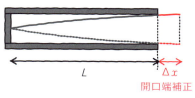

[代表的な弦の振動]

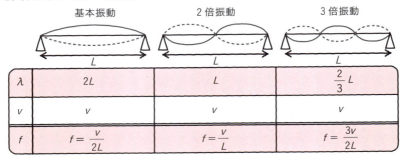

	基本振動	2倍振動	3倍振動
λ	$2L$	L	$\frac{2}{3}L$
v	v	v	v
f	$f = \frac{v}{2L}$	$f = \frac{v}{L}$	$f = \frac{3v}{2L}$

[代表的な気柱の振動(開管)]

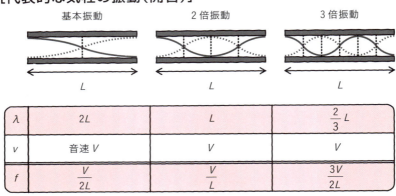

	基本振動	2倍振動	3倍振動
λ	$2L$	L	$\frac{2}{3}L$
V	音速 V	V	V
f	$\frac{V}{2L}$	$\frac{V}{L}$	$\frac{3V}{2L}$

[代表的な気柱の振動(閉管)]

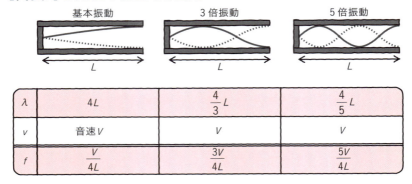

	基本振動	3倍振動	5倍振動
λ	$4L$	$\frac{4}{3}L$	$\frac{4}{5}L$
V	音速 V	V	V
f	$\frac{V}{4L}$	$\frac{3V}{4L}$	$\frac{5V}{4L}$

Chapter 4　電磁気学

>> 静電気

[原子の構造]
　原子は中央にある**プラス**の電気をもつ陽子を含んだ**原子核**と，そのまわりを回る**マイナス**の電気をもつ**電子**でできている。

[箔検電器と静電誘導]
　金属は自由に動ける電子をもっており，帯電した物体を近づけると，その物体の電荷とは逆の電気が寄せ集められる。

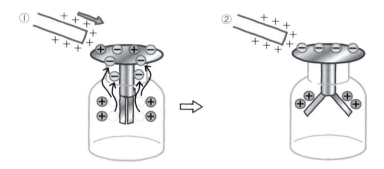

>> 電流と抵抗

[電流]
　電流の流れと電子の流れの向きは逆向き。電流の大きさは，**単位時間あたり（1秒あたり）に導体の断面を通過する電気量**。

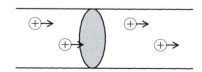

| 電流と電気量の式 |

$$I = \frac{q}{t} \ \text{(A)}$$

電流 ＝ 電気量 / 時間

[オームの法則]

| オームの法則 |

$$V = IR$$

電圧 ＝ 電流 × 抵抗値

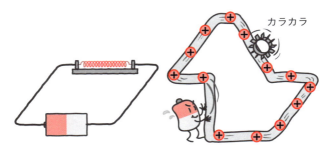

　電流は水の流れ，電池はポンプ，抵抗は水車と考えると，回路のイメージがしやすい。

［抵抗の公式］

抵抗の抵抗値 R は，長いほど，断面積が小さいほど大きい。

［抵抗の長さと抵抗値］　　　　　［抵抗の断面積と抵抗値］

抵抗値　小　　　　　　　　　　　抵抗値　小

抵抗値　大　　　　　　　　　　　抵抗値　大

Point!

| 抵抗の公式 |

$$R = \rho \frac{L}{S} \ [\Omega]$$

抵抗＝抵抗率×$\dfrac{\text{抵抗の長さ}}{\text{断面積}}$

≫ 電力

［ジュール熱・電力量］

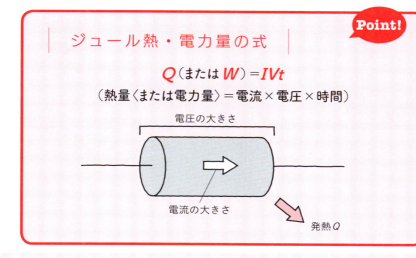

Point!

| ジュール熱・電力量の式 |

$$Q\,(\text{または}\,W) = IVt$$

（熱量〈または電力量〉＝電流×電圧×時間）

電圧の大きさ

電流の大きさ

発熱 Q

水路モデルで，水車の回転量を変換される電気エネルギー量としてイメージする。水路から水を落として水車をより速く，もしくはより多く回したい，つまり電気エネルギーを取り出したいとする。その場合，以下のような方法がある。

- 水路を流れる水を増やす→電流 I を大きくする（①）
- 水路の高さを高くする→電圧 V を大きくする（②）
- 長い時間，水を水車に当てる→時間 t を長くする

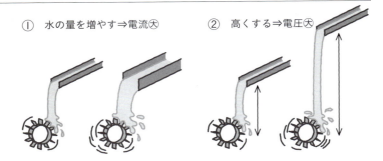

これが電気エネルギーに I, V, t の3つの要素が関わっていることのイメージである。

[電力]

電力の公式 Point!

$$P = IV \ \text{[W]}$$
（電力＝電流　電圧）

電力1Wの電気機器を1時間使い続けたときのエネルギー量のことを1Wh(ワット時)という。

回路

[合成抵抗の公式]

> **直列接続の合成抵抗の公式**
>
> $$R = R_1 + R_2$$
>
> **並列接続の合成抵抗の公式**
>
> $$\frac{1}{R} = \frac{1}{R_1} + \frac{1}{R_2}$$
>
> Point!

[回路の問題の解きかた]

例 4.0 Ω・6.0 Ω の抵抗と 9.0 V の電池を直列に接続した。このとき回路に流れる電流の大きさは何 A か。

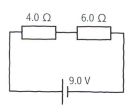

> ココに注目！
>
> **電気回路の3ステップ解法**
>
> ステップ1 抵抗に流れる電流，電圧の大きさをそれぞれ文字でおく
> ステップ2 それぞれの抵抗でオームの法則の式をつくる
> ステップ3 電源の電圧や各抵抗にかかる電圧について，水路モデルを意識しながら等式で結ぶ

ステップ1 抵抗に流れる電流，電圧の大きさをそれぞれ文字でおく

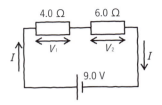

ステップ2 それぞれの抵抗でオームの法則の式をつくる

それぞれの抵抗についてオームの法則をつくる。

Aの抵抗： $V_1 = I \times 4.0 = 4I$ ……①

Bの抵抗： $V_2 = I \times 6.0 = 6I$ ……②

ステップ3 電源の電圧や各抵抗にかかる電圧について，水路モデルを意識しながら等式で結ぶ

水路モデルをイメージすると，2つの抵抗で1つずつ水車があり，電圧が下がっていく。

$$9.0 = V_1 + V_2 \quad ……③$$

③式に①式と②式の電圧を代入すると

$9.0 = 4I + 6I$

$9.0 = 10I$

$I = 0.90$〔A〕

≫ 電流と磁場

[直線電流のまわりにできる磁場]

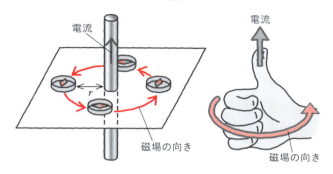

[円形導線に流れる電流と中心にできる磁場]

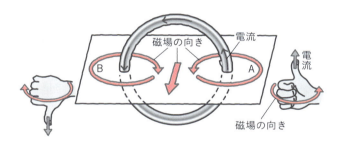

[コイルに流れる電流と磁場の向き]

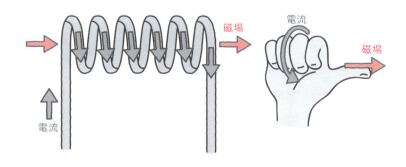

［フレミングの左手の法則］

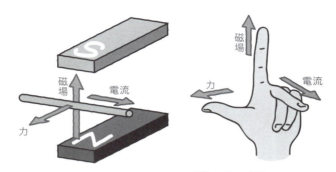

中指・人差し指・親指の順番で，「電・磁・力」と，覚えること。

［電磁誘導］

　コイルは磁場の変化を嫌うので，コイルの中心の磁場を一定に保つように電流が流れる。

磁石のN極を近づけると……

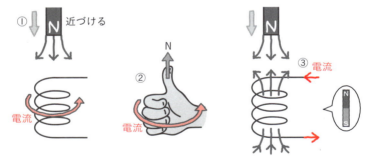

磁石のN極を遠ざけると……

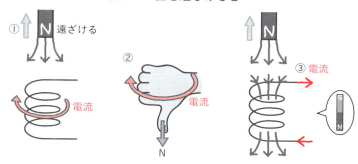

［変圧器］

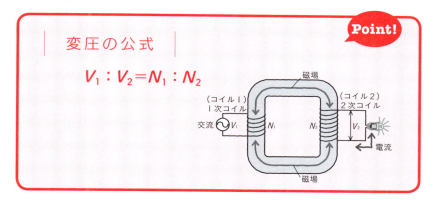

［電磁波の利用］

電磁波とその波長

波長	名前	備考
10^{-9} 以下	X線，γ線	X線はレントゲンに利用される 生物にとても有害
$10^{-9} \sim 3.8 \times 10^{-7}$	紫外線	生物に有害
$3.8 \times 10^{-7} \sim 7.7 \times 10^{-7}$	可視光線	目が感じ取ることができる
$7.7 \times 10^{-7} \sim 10^{-4}$	赤外線	テレビのリモコンなどに利用
10^{-3} 以上	電波	通信や放送に利用

（単位：m）

Chapter 5 エネルギーと原子

>> エネルギーの利用

[原子番号と質量数]

　原子は，中心にプラスの電気をもつ原子核と，まわりを回る電子でできている。この原子核は**プラス**の電荷をもつ**陽子**と，電気をもたない**中性子**でできている。

　原子の種類は陽子の数による。陽子の数のことを**原子番号**という。また，電子はそのほかの粒子に比べて非常に小さいため，原子の重さは中性子と陽子の和で表され，これを**質量数**という。

　原子番号は元素記号の左下，質量数は元素記号の左上に表す。

　例 ヘリウム　$^{4}_{2}\text{He}$

[放射線とその種類]

　原子核が崩壊するときに放出される放射線は，磁場などを通すと，その曲がりかたの違いから，**α線**，**β線**，**γ線**の3つに分類できる。

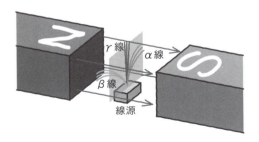

	実体	電離作用	透過性
α線	ヘリウム原子核	大	小
β線	電子	中	中
γ線	電磁波	小	大